我25歲擺脫22K

慘賠7百萬到7間房地產的創富之路

作者 張景泓

目錄 CONTENTS

推薦序 4
前言——這些年我們都犯了一個錯誤 15

人生篇——發掘自己的人生
20 歲前，儲蓄是我的興趣 20
完全失敗的微型創業 22
人生中出現的首位貴人 26
將課程化為生活實踐 29
機會是給準備「做」的人 33
錯把創業當工作 35
給予的力量 39
達得到的叫目標，達不到的叫夢想 41

創業篇——創業啟示錄從慘賠七百萬開始
下定決心開始創業，就絕不回頭 44
我想創業，但資金從何而來？ 47
如何踏出創業的第一步 50
合夥創業 v.s. 獨立創業 55
如何拓展對你有用的人脈 59
事業始終不見起色，問題究竟在哪？ 66
當老闆還是當員工？找出自己的定位 72
戰勝窮忙人生的自我課題 76

財務智商篇——打造高財商，讓自己成為金錢磁鐵
人生中最值得投資的項目 78
學習最基礎的財務智商教育 82
造成通膨的推手，銀行吃剩分你賺 88
你買的保險是真保險，還是假保險？ 92

看懂政府與銀行的遊戲規則 97
不只站在巨人肩上，更要跟巨人借力 102
大買賣 V.S. 小生意 108
戰勝窮忙人生的自我課題 112

房地產篇——從無到有、由一到七的房產之路

出手就是開始 114
媒體亂象讓房市價格霧裡看花 120
房地產入門之鑰 124
出手瞬間，便決定了獲利 128
上班族薪水買房攻略法 133
培養投資房地產的敏鋭度 140
誰才是真正的投資客 145
戰勝窮忙人生的自我課題 148

心態篇——態度決定你的未來人生

旅途間的點滴比目的地更令人感到喜悅 150
你的夢想是成為公務員嗎？ 154
每個人與生俱來的強大武器 158
認清你的對手到底是誰？ 163
老師對學生有盡義務的責任 168
模仿是改變的開始 173
對所有事情都要抱持著懷疑的態度 178
戰勝窮忙人生的自我課題 183

結語 184
致謝 187

向貴人借力，打造千萬身價

陸保科技行銷
有限公司執行長
•
沈寶仁

很高興，景泓兄邀請我為人生第一本著作寫序。三年前因一場演講與景泓結緣，景泓是少數在聽演講後能夠即知即行的聽眾，雖然那時還是學生身份，沒有攜帶名片的習慣，不過卻透過當天所學「ABC 黃金人脈經營法」的「Action 立即行動」讓我從眾多聽眾中注意到他，之後「Bright 照亮」「Continue 持續」不間斷，讓我瞭解他的存在與價值！今天景泓能運用 ABC 精神，與我互為貴人，並在更多貴人前發光發亮，獲得信任與提攜，打造千萬身價，並不意外！

千萬經歷不如輕鬆借力！

千萬經歷不如貴人推薦一句！

這本書景泓邀請多人寫序推薦，就是借力！「借力」的結果不能只有「單贏」，「雙贏」也是不夠的，至少要「三贏」，甚至「四贏」！這本書的誕生，借了很多人的力，若要能夠長期「借力致富」，就必須讓作者贏，出版社贏，推薦者贏，讀者也要贏。符合「多贏借力原則」，貴人將如雨後春筍般的自動增加，讓借力者更接近千萬身價之路！

看完本書後，若能內化三項觀念，並立即行動，將開啟您不同的人生！祝福您！

推薦序／

重燃自己的夢想，築夢踏實

華人網路行銷名師，
《網路印鈔術》、《借力淘金》作者
•
鄭錦聰

20-25 歲的時候，應該是許多年輕人作夢的年代，記得當年當兵即將退伍的時刻，每個同袍，都對退伍後充滿希望與夢想，但隨著時代汰換，我看到當代的年輕人，擁有許多可行的創意，卻少了冒險作大夢的勇氣，實為可惜。《我 25 歲擺脫 22K》，景泓老師做到了，我相信很多朋友，覺得遙不可及，那只是個案，在我指導的學員中，有好幾位，都在 30 歲以前，就成功的打造自己的千萬身價，這其實並非遙不可及，在這些年輕成功的朋友身上，我發現它們都有一個共同的特性：把事情想得很單純。

海苔億萬富翁是泰國的一部真實電影，主角也是在 25 歲以前就獲得成功，當主角成功後跟他最親近的叔叔說：我真的不知道這條路那麼難，如果早知道的話，我就不會選擇創業了，他的叔叔很有智慧地告訴他：如果一開始你就知道這麼難，那你今天就不會成功了。其實創業並不是真的那麼難，只是沒有正確可遵循的成功的操作説明書，在我閱讀本書完畢後，我發現這正是一本成功的操作説明書，這本書給我很大的啟發與收穫，我相信也一定能夠給其他讀者很大的啟發。所以在本書閱讀完畢之後，我立刻推薦給我的周圍夥伴，所以我也想向你推薦：我 25 歲擺脫 22K》，我相信，你必能從中有所獲得。

推薦序／

「創造自己」的時代來了

知名網路趨勢觀察家
104 人力銀行獨立董事
•
劉威麟 (Mr.6)

我覺得，時代變了。這是一個「創造自己」的新時代，不必再去考試，變成「另一個某某人」，沒有一個人是我們尊敬的對象，我們就是我們自己。基於這原因，筆者創造了一個還算成功的「Mr.6」這個「個人品牌」，並享有個人品牌所帶來的競爭優勢之後，也繼續開設「好課城」，希望將這套 knowhow 繼續的「傳授」給優秀的新生代。好課城裡面的講師都是一時之選，尤其是「Zen 大」，向來是極力推薦的好講師。不過，可惜的是，在這麼多學生中，上完了課，真正最後學以致用、「做下去」的人，依然非常、非常的少，而景泓就成了這個世代的一時之選。

像景泓這樣，這麼成功的新生代創業家，是少數中的少數，他又能出書、創造接下來後續的效益，也證明了景泓將是一顆非常令人期待的新星！也恭喜大家買了一本好書，接下來，讓景泓來告訴你，他如何靠創業與房地產打造千萬身價！

推薦序／

年輕人想的和你不一樣

懶人智富學創辦人
《創新業，滾錢潮》作者
•
吳承璟

成功並不是偶然，這大家都知道，但要怎麼讓成功經常發生，這是每個人都想知道的方法。景泓跟在我身邊已經快三年了，我在他身上看到了年輕人的希望。每個年輕人可能都很努力、認真、負責，但得到甜美果實的人總是那麼少，而你會發現，成功的人總是在成功，失敗的總是在失敗。

「原來，成功是可以變成習慣的。」

努力、認真、負責已經不是做到就可以讓你成功的唯一條件，懂得察顏觀色、臨機應變才是你是否能成為 THE ONE 的那個關鍵。

對於上述年輕人的提問，也可能是你會遇到的問題。如果被交付工作的人窄化了原本工作被發落的意義，那工作的成果不過是如此，但要是你懂得去思考執行該工作的具體本質，思考事務的邏輯性，自然會找出更具有意義的內涵，並能將事情系統化，而你也將會跟別人不一樣。

如果，你也成為不一樣的人，你將可以從景泓酸甜苦辣的人生故事裡，獲得更多啟發。

推薦序／

盡信書不如無書，坐而思不如起而行

創揚國際有限公司
負責人
•
蔣開創

如果您還單純的想靠看書就可以知道如何致富，那您現在就可以把此書闔起來。

如果成功有一定的脈絡，可以用階段性任務去完成，那這世界上就沒有員工了……因為全部都是老闆。所以，以完美為藉口遲遲不行動者，請放下此書。

如果您沒有膽量，可以正面迎接問題跟挑戰風險和面對困境，那你也可以不用往後翻下去了。

如果，以上的三條你全數肯定可以靠自己的能力達成的話，恭喜你，「天堂有路你不走，地獄無門你偏闖」，歡迎您進入人間煉獄：創業之路。人生最大的敵人不是別人，而是自己！

我很榮幸託台灣 Facebook 網路行銷始祖許凱迪老師的福，認識了景泓老師，除了交流房地產投資相關資訊，更在景泓身上看到勇者無懼的精神！《我 25 歲擺脱 22K》，是景泓老師字字血淚奮鬥史，此書絕對是讀者你勇闖現實社會的工具書，它將會是支持你勇往直前的定心丸。

推薦序／

這個年輕人有夠敢拚

自由文字工作者
資深出版觀察家
•
王乾任 (Zen)

景泓是我和 Mr.6 公司合作的「出版提案」課程第一班的學生，課程結束後，也是第一個寫信告訴我他要出書了。如今書終於要出了，他說讓我給他寫幾句話，自然不好推辭。

此書是景泓與年輕朋友分享他一路走來的點點滴滴，他的故事，或許不是人人都能效法，因為，不是每個人的性格，都能像景泓，願意去做年輕人不願意做的事情，為了達到自已的目標，願意積極想方設法，也許成功還真的需要一點運氣，才能從失敗中記取教訓還能翻身。

只不過，無論如何，健康的態度，以及正確的方法，絕對是成功路上必備的能力。從計畫出書到終於出版這件事情上，我在景泓身上看到他朝著目標、積極進取、熱情開朗…的人格特質，的確是很值得推薦給大家。如果大家有機會接觸過景泓，一定很難忘得了他！

年輕朋友們不妨讀讀看這本書吧？景泓把一切毫無保留的都寫在這本書裡跟大家分享了。景泓的人生故事，或許能給正面臨矛盾兩難的你一些些的亮光。如若也羨慕他的成功，從現在開始，積極規劃自己的生涯也還來得及。

還有誰想在25歲塞進有錢人的腦袋

著迷行銷有限公司
負責人
•
著迷

「讀萬卷書不如行萬里路，行萬里路不如名師指路，名師指路不如貴人帶路」，在二十幾歲就能有所成就，必有異於常人之處，「貴人帶路」是其一，如何認識貴人、讓貴人願意提攜？這秘訣是我佩服景泓的地方。

我曾問景泓：「為何你甘願退居一線，當稱職的老二？」，景泓說：「共好與捨得」。不以自已的利益為首位，卻得到更多的利益，共好不僅只有對貴人，甚至是所有的合作對象，EX：仲介、代書、合伙人、團隊，讓自已成為所有合作伙伴的眼中的A咖；捨得則是另一項快速提升自已的法寶，在二十歲能把財務、創業摸透，靠的是有捨才有得，付錢得知識、不求回報得到關係，這都在書中清楚解析，了解這些道理很簡單，但知易行難，景泓今日的成就，我一點也不意外，在二十幾歲就能有如此氣度，是每個人都該學習的地方。

推薦序／

開啟成就之路的真相

巔峰潛能有限公司
執行長
•
卓天仁

大家好！我是【遇上財神爺】系列書籍作者，投入教育訓練的行業也十多年了，這幾年開始往海外市場拓展。因工作的關係，接觸的人群非常多元，之中更不乏企業主、老闆、專業人士、組織領袖等等。一路下來發現，每位與我接觸的人，都不脫離一個目的，就是希望可以讓現況改變、有更好的結果，我統稱為：成就之路。不過，我發現成就之路並沒有捷徑，而是在你願意踏出改變的第一步起，成就之路才會因你而開！本書的作者：景泓是我僅見少數幾位，在初入社會就開啟成就之路的人，也因此在收到寫序邀約時，心中自是由然而生的感到欣慰。這股欣慰之情共有二個層面，第一個層面是：我認識景泓已經多年了，從他初入社會時的青澀，一路持續為了追求人生的成就而改變！過程中、他更是花費鉅資投資自己的大腦，本書有相當多的內容是景泓在學習後，透過個人身體力行；所得到的實戰經驗。

在閱讀之餘、總是會浮現似曾相識的感覺，原因是：我也經歷類似的過程，由衷而感到欣慰之情，並且以他為榮。另一個層面是：其實我曾邀請景泓和我合作出書，在邀請之時，景泓回答：已經有出版社願意為他出書了（本書出版社英雄所見略同）。當下一聽、心中飄過一絲可惜之意，不過也感到極度的喜樂！因為，我相信藉由本書景泓的親身經驗，一定會讓更多的年輕朋友，能鼓起勇氣大膽的踏出第一步！

每個人對成就之路的終點，所設定都不盡相同，當你願意踏出第一步的時候，接下來才是真正的試煉！假設，成就之路是從 0 到 100 的過程，第一步也只是 0 到 1 而已，往後還有 99 步，這 99 步才是成就之路的全貌。如同，本書共分五個大章，每一個章節都引領我們更往成就之路邁進，每個章節各自有著景泓真實的經歷。第一章：景泓透過自己為什麼想踏上成就之路的心路歷程，由內在心裡層面的導入，解析了要成就之前，先要成就自己的內在想法，而方法就是：驗證！驗證什麼？驗證你所知道的、驗證你所相信的，這個過程會讓我們真實的看到自己，這是一開始最重要的一步。簡單說：如果要從 0 到 100，這個過程就是讓我們了解我們所在的位置，也就是起點。在我多年教育訓練的觀察，多數人在追逐目標的時候，都忽略了要先清楚自己的位置。透過本章節，期我們都能了解自身的位置，再往下前進。

第二章是現實的呈現。許多人在前進時，通常沒有預期會失敗的心理準備，一開始一頭熱，自以為自己可以完成任何事、是天下無敵、以為會按自己所想的那樣？殊不知，所面對的真相是：變化莫測，當事實與原先想的不一樣，就會做出多數人最容易選擇的選擇：放棄。也正因如此，景泓透過本章來挑戰我們，讓我們除了要去面對成就之外，也要做好失敗的打算及因應之道。並且，運用「重點速記」的方式，來加深我們對於前進時的重點，我把這個部份，稱為：成就補給口糧，請大家好好運用，餓了請記得要吃一吃。

第三章是路程百分之五十的分水嶺，跨過了就往剩餘的1/2 前進，這是在心態上有著極大差異的一章，提到了、跨越現況與加速前進的秘訣：學習及財商知識。這個部份，景泓把多年花費鉅資的學習心得，通通不藏私的分享出來。加上，把自己在市場打滾後的體驗與研究，一五一十的寫出，結合「行動計劃」，讓我們更快的可以去達成每一個階段的目標及檢測點，做對了就持續的前進，做錯了就透過學習來調整，整頓後再出發！我也把這個環節稱之為：成就檢測模式，請妥善誠實的檢測自己吧。

第四章的一開始：出手就是開始，這句話讓我極度認同。原因是：出手就是行動、出手就是下決定、玩真的，這正是在成就之路上，必備的特質。如果，你只讓想法和做法停留在大腦之中，我想永遠都很難會達成你要的結果！正如常言：坐而言；不如起而行。本章節景泓把自己在不動產上，透過親身經驗的案例，讓我們真實的了解在創造被動收入上的關鍵，以及如何避開投資上心理及市場的陷阱，之中特別是寫給廣大的上班族，一圓購屋的買房策略。我只能說：如果，你想在不動產上得到良好的成效、想買下房產的話，肯定要好好閱讀本章節，相信會帶給你不同以往的認知！

第五章總結，再這裡我想和所有朋友互動一下，以路程來說：你認為是剩下 1/5 的路程？還是，你會覺得怎麼還有20% 啊？不論你是選那一個，我都要鼓勵你及恭喜你。因為，你連推薦序都能如此的用心看！相信，你在閱讀完本書後，一定會有最大的收獲！套句有錢人想的和你不一樣作者：哈福 ‧ 艾克的名言，你做一件事的態度，就是你做任何事的態度。本書的最後章節，是景泓的人生總結的心得寫照，我相信這是景泓階段的啟迪、記錄。接下來，應該會有更強大的目標要進行，這只是一個開始而已！我非常的期待，景泓的再提昇！同時，更期待景泓持續在這條路上，把更多的經驗及智慧貢獻出來。我非常榮幸、榮耀、和感恩的覺得可以做為本書的推薦者。謝謝！

前言／

這些年我們都犯了一個錯誤

2013 年似乎是不平凡的一年，薪資到退回 16 年前水平、政府政策失當不斷跳票、天災不斷，就好像 2012 寓言中的世界末日全都延宕到 2013 年發生，民眾怨聲載到，生活感覺民不聊生。

其實，每個時代都有每個時代的困苦與潦倒，不管是在 70 年代、80 年代還是 90 年代，很多問題都待我們去解決，而結果是，我們也都成功的渡過了難關，從一個年代成長到另一個年代。即便每個年代都有自己的問題要解決，日子也總是要過，時間也是會滴滴答答的一直走下去，你想要樂觀的生活還是悲觀的看日子，端由你自己決定。有人窮得很開心，知足常樂；也有人有錢的很痛苦，最後懊悔沒有即時享受人生。你呢？你想要用怎麼樣的人生態度度過你的一生？

這些年，似乎我們台灣人都犯了一個很嚴重的錯誤：看到黑影就開槍，胡搞亂搞瞎起鬨，讓別人成為你的眼。會讓我這麼有感觸的原因不是別的，就是最近沸沸揚揚討論的話題：中興大學畢業典禮戴勝益董事長致詞。相信當時的你，應該對於這個話題不陌生且也熱切地在討論這件事情。

戴勝益董事長在 15 分鐘的演講中，用說故事的方式提點年輕人要「忍耐與等待」、「培養人脈的重要性」、「不要太常換工作要有定性」等等，更不要一出社會就去買奢侈品，應該多出去走走跟朋友吃飯建立以後可能可以讓你發揮的人脈，不要待在家裡成為網路交友達人。不過演講中舉例的「月收入低於 5 萬別儲蓄」及「錢不夠花跟爸媽要」等論點被媒體報導後特意放大解讀，成為了網友茶餘飯後的聊天焦點。

我相信，大多數的人只會看新聞的斷章取義，而不會真的去把這 15 分鐘的演講重新看過一遍。如果你有看過完整的影片，你會發現戴勝益所提的五件事其實正反映現在年輕一代大部分人的特質—缺乏耐性、太過自我、人際關係貧乏、追求名牌與輕諾寡信。並且在最後以「你認真，別人才會當真；你不認真，別人就不當一回事」這句話，建議同學出社會後凡事都要把說的事情貫徹到底、說到做到。

但是媒體為了大家的眼球及收視率，卻只斷章取義成：「一般人都感覺到出社會要儲蓄，只有兩萬兩千塊，儲蓄一個月三千，剩下一萬九，要寄五千回家，只剩一萬四，要怎麼活？所以，如果你的月收入低於五萬塊，千千萬萬不要儲蓄，如果你的月收入只有三萬塊，那怎麼辦？你要寫信或打電話回家，跟你的爸媽要兩萬塊。」重新將戴勝義董事長的話翻成白話文，就是：「人脈比存錢重要，因為有了人脈，你的未來將有很大的發展空間，即使失敗了成功站起來的機會也很大。」

當你所賺的薪水低於 5 萬元，在現今這個社會，你所存的錢基本上沒有太大的意義，但如果你用這 5 萬元投資在自己身邊人脈的維繫與發展，在未來得到的回饋與幫助可能勝過於存下來的幾千幾萬倍，而這才是你人生成功的關鍵。而薪水不足的伸手跟父母要這件事，就是你可以先利用父母拓展自己的人脈，認識那些已經在職場多年跟你父母相識的朋友，從中學習人生的經驗與社會必須的經驗值，提升你自己的能力以便早點脫離 22K 的命運。

每個人對於一件事的解讀意義本來就會不同，但這凸顯了一個事實：在媒體的渲染跟斷章取義下，有些言論被過度的放大，已到了失真的境界。而這些言論有被網路以「病毒式行銷」的速度在擴散到這個社會的每一個角落，而結果就是：會思考話中有話及自己會去查證事實的人得到了知識與經驗，得以成長及了解事務的全貌；不會獨立思考的人抹殺了施予者原本的用意並對這個社會產生失望，並且以瞎子摸象的方式將錯誤的事實傳出去誤導更多人。

台灣的媒體很奇怪，總是只會報導負面消息，如果新聞總是充滿著血腥、暴力、煽情的氛圍，你要一個社會新鮮人怎麼有勇氣面對這如此負面的環境？有夢想卻沒有希望，這就是台灣年輕人的所處的環境。

說了這麼多，雖然聽起來挺悲觀的，但千萬不要被這樣的環境打敗。台灣的問題絕對不是單單換總統或教育部長就能解決，就算我們個人的努力也很難被看見或對社會產生效果，但這絕對不是你不轉變的藉口。我相信，只要你開始試著去改變現況，你的人生將會很不一樣。

人，不該只是一味地想要賺更多的錢，人生也是有很多更重要且賦有意義的事情。試著去學習、去探索、去體會，什麼才能激起自己生命的喜悅、並讓你熱血沸騰，唯有充滿了熱情與喜悅的生命才會有意義，才能分享給更多大眾。

人生既可以苦短，也可以過的開心又長久，端看你的心態是什麼。你不一定要成為德雷莎修女或印度甘地那樣的奉獻生命，但請樂其所好，擁抱未來，如果可以請及時投資自己，將金錢花費在找尋與發掘生命的熱情上，你的人生將會過的有趣與快樂。

2013 年 8 月

張景泓

CHAPTER1

人生篇

發掘自己的人生

受義務教育、考間好大學、找份好工作，
成為上班族或公務員，接著買車、買房、生兒育女，
安穩的過一生，絕不胡亂投資或創業。
上述也許是許多人期許的生活範本，但這就是你要的生活嗎？
當你的人生可以被標準化時，你就不再是獨一無二的個體，
試著懷疑並挑戰舊有框架，不論走上什麼樣的道路，
你能找到目標，並勇於實踐。

20歲前，儲蓄是我的興趣

未雨綢繆，卻反倒成了落湯雞

我從小就愛儲蓄。這句話你可能無法想像會從現在的我口中說出，但這是真的！一直到 20 歲我都沒有花過壓歲錢，零用錢也幾乎都存起來，因為從小父母教導的觀念就是：「把錢存起來，將來如果有急需時，就不用擔心了。」

但是當我漸漸地長大，發現有些事情，好像跟父母講的不太一樣。父親在報社上班，到現在已經做了 27 年了，而我媽一直都是家庭主婦，我哥則是大我兩歲的高材生，課業一直名列前矛。我的家庭就跟大多數人一樣，是一個很傳統的家庭，接受了正規的觀念跟家庭成長，認為只要你讀好書、從好學校畢業，就能找到好工作。

曾經，我也是深信不疑，但是看到父親很努力的儲蓄，家裡的經濟狀況並沒有好轉，而他努力的結果卻是被裁員；我看到其他努力念書的學長姐，老闆並沒有用高薪聘請他們工作，反而卻在跟本科系一點都沒關係的公司就職；我看到那些以前念書念得不好的同學，反而飛黃騰達，甚至有些都已經買車了。怎麼好像大人講的「努力念書，將來就會有份好工作」的未來發展都不一樣？我那努力想達成的目標，怎麼好像都沒有看到？想必你也曾經跟我一樣困惑吧！

人生一路上就是會遇到很多令你困惑的事情，但這或許就是我們存在的意義。藉由一路披荊斬棘的過程，最後嘗到豐碩的果實，並享受整個過程的酸甜苦辣，這就是人生。

現金流遊戲的啟發

距離大學畢業即將步上創業之路時，我開始接觸許多相關資訊。當時我看了一本書叫《富爸爸・窮爸爸》，這本書是由羅勃特・清崎撰寫，裡面最重要的概念，就是圍繞著 ESBI 象限來建立讀者的財務智商，此外他還發明了一個現金流遊戲，這是為了推廣他書中教授的知識而誕生的遊戲，藉由現金流遊戲讓玩家了解貧富差異與生活方式，並帶入理財等財商觀念、讓一般人能更了解如何運用與執行，提早體驗人生並更早了解現實的狀況。

當時我在社團玩了人生第一次的現金流，我並沒有成功的跳脫出老鼠圈，在這場遊戲，我學到了很多，也讓我了解到現實生活中應該具備的理財知識，並且開始有了要投資自己的觀念，我必須增加並強化我的財務智商，才有可能邁向有錢人的世界。為了能更融會貫通這些觀念，所以我又去參加另外一群學校同學辦的現金流，而這次的活動，成為我日後成功的重要轉捩點。

完全失敗的微型創業

創業是通往夢想的道路

大學念的是中原化學系，是個歷史悠久的科系，基本上我們系就是要念研究所，以後出路可能就是學術界或走研發，一個班平均有 80% 的人都會考研究所，也就是一個班 60 個人的話，會有 48 個人繼續攻讀碩士，這真是個驚人的數字！為了因應時代的潮流，當時我也有要念研究所的打算，想說對念書沒有興趣，那就看看能不能做實驗做出興趣吧，結果：唉～依然沒興趣。

升大四暑假花了兩個月修專題做實驗，仍然培養不出我的興趣，而且，如果照既定的上班族路線，我沒有辦法完成人生許多的目標跟夢想，所以我決定放棄求學這條路，尋找能抵達我夢想的道路，那就是：創業。

為了要學習更多創業相關的事務，我在大四時選修了中原大學三創學程裡的一門課「創意創業導論」。記得每次上課前，老師會把學生分成兩邊，其中一邊要喊的口號是「微笑、專注、活力」，另外一邊是「互動、熱情、成長」，最後大家一起喊「Yah ！」。每次喊口號時，大家都很害羞，但老師說創業家要有勇往直前的精神，當時的我還不懂，只是覺得喊口號很好玩，現在終於能體會老師的用意了！

課堂上的模擬試題

這門課的教學主軸，主要是在團隊互動中，活用創意和全腦思維、探索機會、釐清風險，為創業的夢想尋找出路。然後老師會要同學選擇兩組中的一組，蝴蝶賞玩族：創業案主訪談，蜜蜂實踐族：虛擬創業專題。當時的我當然選擇的是需要實做的後者，而我們必須寫出一份企劃書，以參加班上的虛擬創業競賽。這堂課，是我展開創業之旅的第一步。

當時，我身為組長，和組員討論完後決定要做一個行銷企劃專案，我們成立了一家廣告行銷公司，幫中原商圈的商家做廣告行銷及宣傳曝光。一切都計劃的非常好，要怎麼找商家、提供哪幾種行銷方案、有哪些競爭優勢、如何透過哪些管道來替這些付錢的商家做宣傳、最後我們「虛擬公司」會產生多少盈餘，一切如意算盤都打好了，於是馬上就開始執行計劃。

天真地將一切想得太美好

我有一個朋友，他是連鎖餐飲企業的老闆，他在回憶創業過程時曾說過一句話：「**知道得越少，越有勇氣。**」我現在完全可以理解他當時說的那句話。當時的企劃，在現在我的眼裡是多麼的不及格、漏洞百出！但那時我們擁有大學生都具備的幾項武器：勇敢、毅力、以及熱血。凡事就先去做嘛，有什麼好怕的！

於是，我們開始分工跑遍中原夜市的商家，告知我們的廣告內容及合作方式，詢問商家的意願度，結果成績是掛蛋。好一個掛蛋，但完全沒有辦法打擊我們天真的信心。而在最後，我們走進了一家新開的美式漢堡及義大利麵複合式餐飲店，當時的老闆看起來是大我五、六歲的兩女一男。

當我們又再次講完企劃以後，他們莞爾一笑，問了我們幾個專業的問題，呵～馬上被考倒，我有一種：「唉，這家店也要失敗了」的心情，可是，他們其中一位店長卻跟我說：「雖然這份企劃有很多問題，但看在你們這麼有心的份上，就給你們試試吧！我們三個人一人拿出一千元總共三千元給你們去實作，我們就當把錢丟到水裡，但希望它能夠產生一點水花。」

那時候聽完以後，覺得好開心喔！終於接到了一個 CASE，那時除了感謝還是感謝。雖然最終我們就只有接到這麼一個 CASE，但親自體驗了創業的困難，從撰寫營運企劃書到洽談服務內容接著實際操作，都學到了非常多相關的知識與寶貴的實戰經驗。

當時，我們就馬上開始執行企劃內容，幫他們店面櫥窗做設計大圖張貼、印製 DM 宣傳優惠活動、建立商家無名 BLOG 品牌形象，結果實際獲得的宣傳效果：很差。年輕時創業總是會這樣，總是會把很多事情都想得很美好、很簡單。

ⓘ「我只要去宣傳，客人就會看到文宣上門啦。」
ⓘ「我的東西這麼好用，大家用完一定會幫我介紹。」
ⓘ「我加盟的是知名品牌，一定可以吸引很多人。」

這也是為什麼上班族創業很容易失敗的原因，因為總是把事業想得很美好，一切都會水道渠成。如果你覺得你家的事業或產品實在是前無古人，後無來者，那難到就代表一定會賣嗎？你應該有看過金馬獎吧！很多得獎電影你都不知道是哪部戲，你有沒有發現？換個方式說就是叫好不叫座！

另外，再來就是營運計算的部分，一般初學者總是會喜歡抓的「嘟嘟好」。請記得：悲觀一點，把營業收入訂得低一點，把成本支出訂得高一些，因為最後一定會有你不知道的費用出現或產生，甚至可能還有「稅」的問題。

所以在開始做之前，請先列個「估算表」，不用太複雜，但請讓自己看得懂，因為你並不是要有朝一日成為會計師。通常這麼列表時，你會越來越悲觀，越來越覺得「怎麼實際操作有這麼多錢要花嗎？」，如果你連列表算出來的結果都沒有辦法做的話，那我還是勸你先把這個計畫暫時擱淺吧！

我很幸運地，在畢業前有機會做實戰演練，這也成功的讓我在還沒出社會就體驗「微型創業」的感覺。

人生中出現的首位貴人

一門 48000 元的課

在大學畢業前夕之際，有天我在宿舍上網看到 Yahoo 首頁頭條新聞，標題大概是：「網路行銷大師鄭錦聰老師傾囊相授開課」，於是我點了進去，接著搜尋兩天的課程，看完以後驚為天人：「這課程也太棒了吧！」，當下只有這種感覺，而且課程還提供 100% 滿意保證。

於是我就繳交了訂金，而鄭老師那邊也寄了他的書及 DVD 影音課程給我，看完以後我更確定，這是我要的東西！當時我覺得，在這個世代，網路是不可能會退流行的，即便現在學了網路行銷用不到，以後也一定會有用，而事後證明，鄭老師教的內容真的很實用。

這個值得的投資代價，是 48,000 元的學費。

蛤？有沒有搞錯！兩天的課程學費要 48,000 元！沒錯！就是兩天的課程 48,000 元。當時我報名的時候，還沒有畢業，我記得大概是我大四下學期快六月的時候，我報名完就跟住我對面的室友說：「嘿～我要去外面上一堂課，超貴的耶！你猜要多少錢？」他說：「5000 元？」我說：「錯！ 48,000 元。」

他回：「嗯……祝你好運！」哈哈～看他一臉不可置信的樣子，好像我是外星人一樣。後來我就繳了學費去上了課，我很記得一件事，當我去銀行匯完款的時候，我的戶頭只剩下「2 元」，積蓄都拿去上課了！接著在畢業典禮後的兩個禮拜，我就到了上課會場。當時鄭錦聰老師使出了渾身解數，授與了我們很多網路行銷的知識與資源。而在那時，我遇到了我人生的第一個貴人：阿寶哥。

你有名片嗎？

我相信，很多的商業人士都知道阿寶哥這號人物：「名片管理找寶哥，人脈錢脈都收割」，這就是 ABoCo 阿寶哥最響亮的 Slogan，透過 Action（立即行動）、Bright（照亮）、Continue（持續）→打響你的個人品牌，創造個人價值。

個人價值包含「專業價值」與「附加價值」，有時「附加價值」是比「專業價值」更能對您的朋友有幫助，我們應該善用人脈經營的「附加價值」，加值貢獻給更多好朋友，這就是**「借力、使力、少費力」**的真諦。

像參加課程或是其他外面的活動，免不了要跟其他人交換名片，大家互相結識人脈，或許哪天就會有合作的機會，而像這種這麼高收費的課程，當然更是要交換名片啦，這邊可是黃金頂級人脈耶！因為通常會上這麼貴的課程，代表來上課的人也有一定的水準。而我，兩個禮拜前才從學校離開的大學畢業生，怎麼可能會有名片。

於是，當阿寶哥要跟我交換名片的時候，我就說：「因為我才剛大學畢業，還沒有開始工作，所以我沒有名片。」阿寶哥說道：「其實大學生也需要有名片，別人才有辦法進一步認識你！當更瞭解你時，才有機會成為你的貴人提攜你！」

當時的這一句話，完全點醒了我。

對耶！為什麼大學生沒有名片？大學生也可以有名片啊！就算你沒有職稱，你名片上沒有公司，但你還是可以讓別人知道你很多的資訊，像是你念的科系、你喜歡的書、你的名言座右銘、你的夢想等等，「**不管是好印象壞印象，最重要的是讓別人有印象。**」這就是為什麼你會在多年後記得你們班調皮的同學，但卻不一定記得什麼都中規中矩的學生。

當課程結束之後，我馬上就去做了一款名片，當時名片的大頭照，我擺了一張我騎腳踏車環島時在墾丁海邊裸上身的照片，很多人拿到名片都嚇一跳，然後我們就可以破冰的開始聊天交流，到現在那張名片已經沒有用兩年多了，還有人記得我當時的名片，我也在做好名片的隔天寄了一張給阿寶哥，這也是能讓我到現在還能跟阿寶哥有聯絡的原因。

將課程化為生活實踐

不同的環境會有不同的影響力

上了課之後，我拓展了人際關係，也覺得課程十分充實，回去以後是不是該大展拳腳開始網路創業了呢？但，事實上卻完全不是這樣。因為在這樣感染力強的環境中，你會覺得大家有志一同，所有人都是跟你一樣的。一旦離開了環境，身邊的人都跟你不一樣，他們並沒有跟你接受過相同的過程，所以在你運作的期間，你會遭受到不斷的反彈跟異樣的眼光，如果你的自我意識不夠高的話，你可能就會漸漸被他們同化，變成跟原本的狀態一樣，打成原形。這就是為什麼很多人上完心靈成長的課之後覺得受到慰藉，又或是上完成功學喊了口號「我一定要成功！」之後覺得自己是超人，但事後卻變的好像忘了這回事一樣。

另一種情況是，因為你沒有對等的資源與人脈，講白點就是你的程度還不夠，所以完全不知道怎麼開始，像我就是屬於後者。當時的我沒有工作、沒有產品、沒有通路、沒有錢、沒有人脈、沒有資源，就跟一般社會新鮮人一樣。但對於課堂教導的東西，即便我投資自己學到的知識還沒有發揮的空間，我還是不斷的投資自己的腦袋，因為我知道，這些知識是我自己的，這些知識是我以後吃飯的「傢伙」，真正伴隨我成長的，是我長年累積的經驗。

當時有一位學員叫做許凱迪，他當時是做 Facebook 社群網站相關行業，他和鄭老師開始合作，兩個月後，鄭老師輔導他開了一家公司「震撼網路行銷有限公司」，專門販售 Facebook 相關軟體工具及課程，由於我們是鄭老師的學員，所以鄭老師讓我們這些老學員用很低的學費就可以去上課，而我就跑去上課，習得了 Facebook 的軟體工具及相關技術，開始了我操作網路行銷的人生。

理論與現實往往不相符

上完課後，我開始操作 Facebook 軟體，當時還住在學校附近，省吃儉用偶爾找些打工來過日子。持續做著做著，接觸到一項網路傳直銷系統，就被它的制度給吸引！而且我的 Facebook 工具也可以因應其中，所以我就加入了這個系統，那時我的上線是一個只有 18 歲的新加坡高中女生。我利用她教的技巧並配合我的工具，立即發展我的組織。一個月就累積到了 10 多個下線，開始產生羅勃特・清崎所說的「被動收入」，我非常開心！認為這就是我想要的，我開始朝有錢人邁進，接下來我只要繼續「複製」，我一定能達成「財務自由」的夢想。

然而，事情並沒有我想像的那麼簡單。就像我說的，不是每個人都跟你是在同樣的狀態，做傳直銷最難的就是「帶組織」。下線看到了我的成功，所以加入了我的組織，但他卻沒有相同的工具，所以就開始抱怨怎麼發展的那麼慢，跟想像的不一樣；接著，我又遇到了一個問題，就是越來越多人會我上線教我的技巧，所以導致 C/P 值越來越差，所以我只好努力的做功課，找尋更多的資料跟方法來輔佐我的事業發展。雖然你這麼認真的自我學習，但你的下線不見得會這麼想，他的感覺會是：

> ①「你在騙我！」
> ①「你教的東西是騙人的！」
> ①「你騙我錢！！！」

這真是個天大的誤會！

不要懷疑！這種人一定會有，而且不在少數。曾經有一個做傳直銷多年的前輩告訴我：「如果你的上線不幫你，是應該的；如果你的上線幫你，是你祖上有積德。他為什麼要幫你？你是自己在做事業，又不是當別人員工，你跟他非親非故，你賺的錢也不會分他，他憑什麼要幫你。」這句話真是一語驚醒夢中人！於是，這個事業我持續了快三個月，後來就沒做了，我沒有辦法跟一群不會自我成長的夥伴一起做事。

從網路轉往實體

之後，我開始接觸到實體傳直銷，第一個做的是手機辦門號續約，也是很多人在講的零元創業，「你只是花你原本要花的錢，你本來就要講電話辦手機，你不過是換個地方辦門號而已。」當時，我就被這樣的話術吸引加入了。

大家做傳直銷一剛開始會找誰？當然是親朋好友啦！於是我開始跟我的大學同學推銷，可是因為我不擅長賣東西給同學、講話過於老實，所以完全沒有找到半個下線，不到三個月就陣亡。

接著我又開始做另一項更神奇的商品：生前契約。生前契約這項產品，現在已經比較廣為大眾所知。生期契約是一項服務往生者的產品，通常發展期會在保險已經到達成熟的階段開始。而我會做這項產品，也是被它的獎金制度所吸引了。但我也是之後才醒悟到**「千萬不要因為獎金制度而被吸引加入傳直銷。」**因為你永遠會找到你覺得更好的獎金制度，你永遠會找到更好的機會，你永遠會說服自己下一個事業會成功。

這兩年期間認識了很多傳直銷前輩，也看到在各個公司做得很好的領袖，他們幾乎都有一個共通的特質，就是：「他們幾乎都是因為公司的產品，改變了他們的人生或生活，他們都熱愛使用他們公司的產品。」

台灣人比較奇怪，哪裡好賺就往哪裡去，也不管自己喜不喜歡，不是說國外不會這樣，而是台灣特別嚴重。為什麼台灣總是會有那麼多吸金公司？為什麼台灣人總是那麼容易被騙了又騙？講白點，台灣人就是「貪」。2012 年底的新聞「台灣今年度累積被詐騙金額高達 10.3 億元」，這麼高額的詐騙金額，真的很令人痛心！

機會是給準備「做」的人

井底之蛙，終於見到大海

我持續接觸有關財務智商的資訊當中，有一本也是影響我甚多的書，書名叫《有錢人想的和你不一樣》，此書的作者哈福 · 艾克標榜「給我五分鐘，我就能預測你下半輩子的財務狀況。」

此書有兩個重要的意念要傳達：其一是說明什麼叫「金錢藍圖」，幫助你辨認自己的成長背景如何在潛意識裡塑造了你的金錢觀，你對於安全感的需求是如何絆住了你夢想並追求更大更美好的事物。其二是介紹十七條「財富檔案」，逐一檢視有錢人的思考與窮人的思考方式有何不同，幫助你建立可以讓自己致富的想法，並且提出行動步驟，讓你邁向財務自由的第一步。

在一次機會下，我參加了哈福 · 艾克在新加坡開設一堂三天的課程，雖然學費不貴，但加上機加酒也要四萬多塊，但由於我覺得這個機會太難得了，所以我還是報名了。當時新加坡的會場，總共來了十幾個國家 6,000 多個人，課程感染力非常的強，我在那邊看到了世界大師「賣」東西的能力，也就是銷售能力的展現，當你看到一個課程十、二十萬，但去報名課程的人都是用衝的，你就知道這些老師有多厲害了！

當機會來臨，你有能力抓住它嗎？

巧的是，我在那邊竟然遇到了曾經玩過的現金流團隊，他們也是跟我一樣是中原大學的學生。而後來上完回台灣之後，他們就找上我，説他們現在有跟一個企業主在合辦創業的教育訓練課程，剛好他們缺少會網路行銷技術那塊的人才，問我有沒有興趣來一起做這個事業。

我就想：「這不就是我要的嗎！剛好我想要創業，就跟著一起學習一起做，還有錢可以賺，真是一舉兩得。」於是，我就開始與這位企業家合作創業的教育訓練，並且也成為他的助理、學生、兼合夥人。

大家總是會説：「機會是給準備好的人。」但我認為是：**「機會是給準備『做』的人。」**如果你只有準備好，但沒有準備「做」，那即便有這樣的機會，也有可能從你身旁流掉，因為你根本沒有想要抓住它。而那位企業主，就是我人生最重要的貴人：吳承璟。

吳承璟的人生從負債 400 萬開始。他在兩千年利用信用卡操作金融槓桿做國際貿易，兩年內還清 500 萬並賺進 3,000 萬財富，接著躍上《Smart 智富雜誌》以「創業達人」接受專訪，並受邀中國大陸擔任企業顧問，並獨創「懶人智富學」課程，並著有《創新業，滾錢潮》一書。認識他，成為我人生成功與失敗的開端。

錯把創業當工作

不願付出，如何收穫？

「你在找零成本、不用囤貨、沒有風險、而且可以在家工作的創業項目嗎？」每次我在網路上看到這些創業者的問題時，都有一種無力感，不知道該怎麼幫助他們。他們最常問的是：「目前有什麼生意是可以做的？最好零成本、不用囤貨、沒有風險、而且可以在家工作。」每次看到這邊，我都快要暈倒了！難道，這些想當老闆的人，真的連一點風險都不願意承擔嗎？

有一陣子，我常回大學找大學同學，或者去其他學校接觸有關創業相關的社團活動，有一部分的同學們會問我現在在做什麼。就我所知，現在好多學生對本科系的工作沒有興趣或覺得沒有前途，所以都想在畢業後創業。可是，當我反問他們想創什麼業的時候，答案幾乎只有一個：網拍。

我想會造成這樣的原因有幾個：

① 門檻低，不用什麼資金。
① 沒有屯貨的壓力，風險比較小。
① 如果沒有賣掉，可以自己用。

其中我統計過，裡面最多人回答的原因，就是第三個「如果沒有賣掉，可以自己用。」我曾經有上過一個網拍知名賣家開的課程，當時講師跟我們這堂上課的學員說：**「如果你有抱持東西賣不掉、反正可以自己用的心態，你還是別做網拍好了！」**

「試試看」的錯誤心態

一般人創業就是為了財務自由跟時間自由，但事實上，創業初期是「財務不自由、時間不自由」。據經濟部中小企業處創業諮詢服務中心統計，一般民眾創業，一年內就倒閉的失敗率高達90%，五年內剩下存活下來的10%又有90%會倒閉，由數據就可以知道，創業失敗的原因不是沒有錢，而是更深層的問題。

一般來說，哪一類型的人比較多會創業？非常熱血剛畢業的畢業生？錯！家裡有錢的富二代？錯！已經成功的企業家？錯！是不安於現狀想要自己出來「試試看」的上班族。

- **老闆壓榨我，我要把老闆 Fire，自己出來當老闆！**
- **這個工作好像沒什麼遠景，自己出來當老闆試試看！**
- **我失業了，找不到工作，加盟個小攤車來自己做！**

沒錯！就是「試試看！」反正大不了失敗再回去上班的心態，如果用這種心態來創業當老闆，我相信成功的機會不大。創業是為了做老闆，不是買工作。許多人常常掉入創業的陷阱，總以為自己在創業，但實際上，卻只是又買了一份工作給自己。在創業初期，或許因為沒什麼錢，所以自己除了是老闆之外，還要身兼員工，但是當事業開始賺錢時，是否應該開始把原本是員工做的事情給外包呢？而讓自己可以更專注於老闆該做的事情上。千萬別為了省小錢，讓自己陷入無止境的工作中。

沒有一項創業是不辛苦的

在我開始做教育訓練的初期，真的非常的辛苦！剛開始創業什麼都不是很懂，從寫文案、做美工、架網頁、找場地、當客服等等，全部都要想辦法解決，剛開始真的很辛苦，前半年一個月賺不到 3,000 元，曾經窮到一個月只賺兩千多塊，連房租都付不出來，一個月有半個月睡在公司，即使租屋處離公司走路只有 5 分鐘，但這就是創業者會遇到的事。

一直到現在，我創辦了「豐盛加企業管理顧問有限公司」，累積開課期數已逾 30 期，服務學員超過上百位。在這中間的過程，其實一定會遇到很多問題，團隊會有爭執、吵架，但這些都是必經的過程。

從 0 到 1 的階段，你必須像塊海綿，盡可能的吸收任何新知；你要開始培養你的眼光，因為你還沒有判斷是非跟人的能力；你必須會察顏觀色，這是你結交人脈最重要的時期；你必須把握每一次機會，因為你不知道誰將會成為你的貴人；你必須堅持到底，這會是你人生最困苦的時刻，因為，你不知道什麼時候會苦盡甘來，可能是一年、可能是五年、甚至可能不會成功，你必須能忍別人不能忍。孟子云：「天將降大任於斯人也，必先苦其心志，勞其筋骨，餓其體膚，空乏其身。」如果你沒有成功一帆風順的創業，那這就是你必須接受的事實。

給予的力量

超越獲利之外的目標

當初開辦教育訓練的時候，其實並沒有想太多，只是覺得自己想創業，剛好有機會接觸到創業多年的企業家，跟著他在身邊學習順便還有錢賺，沒什麼不好的，於是就開始攜手合作到現在，轉眼間也就過了三年了。有一段話是這麼說的：「一年得其要領，三年必有所成，五年成為專家，十年成為權威。」而我這樣「胡搞瞎搞」了三年，總算也小有成績。為了能更精進自己的態度，我強迫自己開了「豐盛加企業管理顧問有限公司」。

開了公司之後又過了半年，業績始終維持平穩沒有成長，一直沒有辦法有所突破。我一直在思考原因，到底是為什麼？而後來我發現原因了，我只是為了開公司而開公司。我從來沒有想過我的企業宗旨是什麼？企業文化是什麼？公司的最終目標是什麼？而我只是為了賺更多錢而開公司，這樣是不對的！於是我開始思考，而在我看完一本書《給予的力量》之後，我找到了答案。《給予的力量》一書裡面所環繞的重點就是：改變一生的五大法則。

給予的五大法則 ▶▶▶

POINT 01

價值法則

你真正的價值決定於你所能給予的價值，而不是你所獲取的報酬。

POINT 02

報酬法則

你的收入決定於，你替多少人服務與服務的滿意度。

POINT 03

影響法則

你的影響力決定於，是否充分將別人的利益擺在第一。

POINT 04

真實法則

你必須拿出最有價值的禮物，那就是你自己。

POINT 05

接受法則

有效的給予關鍵在於，保持樂意收受。

這五大法則，讓我真的了解到，在事業上如何發揮自己的價值，讓人感受到給予的溫暖。我開始知道我必須做的是什麼，我必須給來上課的學員什麼樣的收穫，我必須幫助他們如何達到他們想要的結果。於是我開始不停的「詢問」，問問學員目前工作的狀況，問問他們的需求跟目標，問問他們想要怎麼開始運作，然後「給予」他們方向、「給予」他們資源、「給予」他們建議。從此，「豐盛加企業管理顧問有限公司」的使命開始不一樣了。我變的不再有業績的壓力，我不再每天擔心公司的開銷要怎麼賺到，我不再每天煩惱行銷策略會不會出問題。

先求付出，自然會有回報

豐盛加企業管理顧問有限公司，這家公司是為了幫助每個相信我們而來上我們課的人成功，公司賺多少錢已經不是我最在乎的，公司營運甚至只要能維持基本開銷跟我個人生活即可，最重要的是：我能夠幫助多少人。不是我覺得賺錢不重要，而是，當我完成我想要的結果時，財富就會隨之聚集過來。

印度寶萊塢大片《三個傻瓜》的男主角在片中曾提到：「追求卓越，成功自然就會跟著你！」我也相信，當我幫助越來越多人，那些回饋將變成財富蜂擁而至我的身邊。

《給予的力量》書裡面也有提到：「世界上所有的給予都不會帶來成功，不會創造你想要的結果，除非你讓自己變得同樣樂意且能夠接受，因為如果你不讓自己去接受，等於拒絕別人給你的禮物，阻斷了循環。」所以你也必須保持開放的心，接受美好的事物，而不是拒別人的好意於門外。當有人讚美你的時候，比如：「你事業做的很不錯嘛！」、「你這件衣服好好看喔！」，這時你首要回答的是：「謝謝。」，而不是「你也做的不錯啊！」、「你的衣服也很好看！」，這樣子的回答，就像是你拒絕別人的讚美，並且用一種「禮尚往來」的態度來回應他，這樣這股讚美的「能量」，就沒有辦法送到你們對方的心坎裡，而消失在宇宙中。

所以，open your mind，「保持謙遜，求知若渴」，遵循這樣的態度，成功就離你不遠了。

達得到的叫目標，達不到的叫夢想

一階一階爬，頂點自然不遠

創業要創大公司、一個月要賺 100 萬，這不容易；但如果是在路邊擺路邊攤，一個月賺 1 萬是相對容易的，接下來只要複製多開幾個攤就可以了。初始的小成功是很重要的，也就是雖然你有一個大目標，但達到大目標之間，總是會有很多小的目標是要一個一個完成的吧，就像蓋房子一樣。

達的到的叫「目標」，達不到的叫「夢想」。所以，你要想辦法讓你的夢想都成為目標。而最簡單的方式，就是一步一步的設立目標，然後逐步地完成設定，小目標集合成大目標，大目標集合成夢想。並且，你在設立目標的時候，必須有幾個重點要素：**「分類」**、**「數量」**、**「期限」**、**「明確」**，只要設立的越合乎以上標準，根據我的經驗，成功率將會越高！

舉例來說，你不能設定說「我要賺大錢」、「我要成為網路行銷大師」、「我要買房子」，這樣子的目標是很不切實際的。你應該設定：「我要在 20XX 年 X 月利用 XX 項目賺取 XXX 元，接著 XX 月累積賺 XXX 元。」請依據自身條件去設定，切勿好高騖遠，幫助自己達成目標是很重要的。

而分類的部分，可以依據自己的需求分為幾個部份，像是事業、家庭、生活、健康、學習等等，平均設定目標。人生不是只有賺錢，健康跟生活也是非常重要的，千萬不要認為有錢以後就可以達到其他分類的目標，人生發展應該要均衡前進才對。

「經驗」是你失敗挫折時的安慰獎

在每年過完時，請看看自己的完成率到底有多少。如果你完成的成果只有不到 20%，那表示你設定的目標真的離你的能力有點太遠了，請重新做調整再行設定。高達成率將會增加你的信心，促使強大的執行動力，設定目標只是要增強你行動的欲望，提早讓你完成夢想，而不是要你打擊自己。千萬不要因為目標無法達成很感到沮喪，因為你還是可以學到很多事物。

蘭迪．鮑許（Randy Pausch）在《最後的演講》裡寫到：「如果你沒有得到你想要的東西，至少得到了經驗……每當我們遇到障礙，或是碰到挫折的時候，就應該要記得這句話，這句話也提醒了我們，失敗不但是可以接受的，而且還是人生不可或缺的要素。」

CHAPTER2

創業篇

創業啟示錄——從慘賠七百萬開始

小資世代的你，領公司薪水、看老闆臉色，
是否萌生不如創業自己當老闆的念頭過？
但又常常看到周遭投身創業親友的失敗案例，
而陷入矛盾、猶豫不決…
在這人生分歧點上，有什麼關鍵性的因素，
能幫助自己釐清未來的路呢？

下定決心開始創業，就絕不回頭

創業路上的首要難題：資金

2011年底，我開始跟貴人吳承璟合作家傳秘滷連鎖滷味，這跟教育訓練不一樣的地方是：教育訓練是知識型產品，成本低；加熱式滷味是傳統產業，須要相當大量的資金與周轉金。

很多人創業遇到的第一個問題就是資金，「沒有錢萬萬不能」是很多創業者在創業初期最能體會的一句話，租金、人事、物流、原料、水電什麼都要錢，一個初入社會的人，到底要怎麼開始呢？

如果你能借助比你有能有勢的人脈來發展事業，將可以避開許多陷阱與風險，這種方式，或許可以讓你找到一條捷徑，更快速的邁向智富成功之路。

我做教育訓練的期間，不乏會有還是學生的學員，之中也有人想創業，但就是不知道如何開始跟缺乏資金這兩大問題，而在2011年，其中一位國立大學大四的學員，跟我說他跟他同學想在學校旁邊開個滷味攤，但資金不夠，該怎麼辦？於是，我們跟他說：「首先，你想辦法再找8個有興趣的同學，一人拿2萬元出來，找一個不錯的點就可以擺攤了。你們10個人都是股東，大家合夥出來創業，每個人都有要盡的義務，輪流來顧攤子；吃飯時間到了，其它的人都想辦法帶同學來吃飯排隊，製造人潮。透過合作的方式來開店，一來解決資金的問題，二來可以創造主動式客戶，就可以解決『資金』跟『客源』這兩大問題，只要持續三個月，生意跟口碑一定可以建立起來。」

但最後，他並沒有成功，因為他找不齊另外 8 位同學。其實並不意外，因為要找到志同道合的人本來就不是那麼容易的。而經過深思熟慮後，我們決定自己執行這個計畫，卻沒想到，反而把我們推向一個地獄深淵。

當利益蒙蔽了個人的雙眼，合作將走向毀滅

當時，吳承璟老師有一位認識十年以上的台灣某前十大傳直銷界前輩，人脈廣闊，當時他聽到我們的計劃也想要一起合作。他說，如果借助我們在教育訓練界的學員人脈，配合他多年的組織行銷經驗，一定可以成功！當時聽完他的提議，覺得如果有一位商場界的夥伴一起奮鬥，風險絕對比較低，成功率也可以提高。所以出資入股吳老師的公司，共同來發展家傳秘滷這個品牌。也從 2011 年年底，開始執行這個計劃。

第一家店開幕時，沒有宣傳生意就已經非常好，這更為我們打了一注強心針，當時資金雖還沒到位，接下來兩個月就由我們公司先墊錢，又再開了兩家直營店。由於公司急速成長，甚至吸引了上市櫃公司老闆要出資入股，合夥人發現公司利益過於龐大，便開始從中搞破壞。結果公司 2012 年總共虧損 700 萬以上，我們損失了大部分學員的信任。

木已成舟，再去追究也解決不了問題，現在只能往前看。**「創業家就是不斷的解決問題」**，當你開始創業時，你就會了解。所以我們不會氣餒，還是會站起來，就像羅勃特．清崎說的：「窮人怕失敗，所以永遠不敢行動、不敢改變；但是有錢人不怕失敗，因為他們會從失敗經驗裡學習」，這次的失敗不

會將我們打倒，而是會創造全新的我們。

創業會比上班輕鬆這絕對是鬼話。我很喜歡某個創業家的一段話：在創業的路上，你會經常感到害怕、無助，不論是第一次擺攤、叫貨、生意變差、員工離職等等，相信正走上創業、正在創業的你也一樣，「但是當你做這件事時，會感到害怕，那才是進步。」所以你不用太過擔心，趕快開始展開你的創業之路吧。當你每遇到難題又成功地解決，你就會開始成長，而你最後會難以忘懷這份成就感而持續向前。

小資世代智富心法

- 要想辦法借助人脈，也就是站在巨人的肩膀上來發展事業，你將可以避開許多會遇到的陷阱與風險。
- 千萬不要被當前的利益蒙蔽了雙眼，不然合作只會走向失敗。
- 窮人怕失敗，所以永遠不敢行動、不敢改變；但不要害怕改變，掉到水裡並不會淹死，一直待在水裡才會淹死。
- 在創業的路上，你會經常感到害怕、無助，但是當你做這件事時，會感到害怕，那才是進步，所以勇往直前的做吧。

我想創業，但資金從何而來？

創業的起點

很多人想創業但一直躊躇不前，很大一部分就是資金的問題，不知道去哪裡可以搬錢出來用，而最後的解決方法大致分為兩種：一種就是跟家人借，另一種就是自己跟銀行或政府借。

如果你有可以力挺的親朋好友，願意看完你的創業計劃書就金援你，恭喜！你比某些人幸運很多，你身邊有些金主可以幫助你開始創業之路，你必須抱著感恩的心，努力堅持下去。如果你是跟政府或銀行借，那你就是要符合銀行跟政府的辦理資格，關於這方面，網路上有太多文宣資料可以供你去查詢，政府也有很多相關專案可以諮詢，所以我就不討論這些技術性的問題了，我要你思考的，是哲學性的問題。

如果你是跟家人借，其實你要把跟家人借貸的「利息」算進去，畢竟家人也是可以不借你錢的，儘管你可能沒有要支付利息給家人，但你自己要知道這件事，這樣若開始賺錢了，才不會被獲利沖昏了頭，好像有賺很多，但其實扣掉利息以後，也只是打平小賺而已。

另外，很多人可能本身存了一筆創業基金，就會拿去創業，等到週轉不靈缺錢的時候，再跑去跟銀行借錢，因為本身自己創業沒有薪轉，財力證明又不夠（因為就是沒錢才要借錢），所以就被銀行打槍，只好開始用信用卡預借現金，結果負債越滾越大，導致壓力越來越大生意下滑，最後就經營不善倒閉，背了一屁股債。之後再有人講說要創業，他只會很激動的說一定會失敗。這種案例我相信你不陌生也時有耳聞，這就好像大家都知道預防勝於治療，但每個人總是生病的時候才知道要勤洗手或是定期去醫院檢查；大家也都知道創業需要資金，但卻總是在缺錢的時候才想要去跟銀行借錢。

那為什麼不先跟銀行借錢，拿銀行的錢去創業，而把自己的積蓄先保留著，等到有需要的時候再用呢？

開始前先設想好你的退路

我們每個人都被教育過，沒事不要欠別人錢和人情，不然以後怎麼還都還不清。因為這樣的觀念，認為自己應該準備好了，存夠資金了，然後才開始行動。我當然不是鼓勵每個人都應該要借錢創業，而是你應該去思考你的退路，如果週轉不靈怎麼辦？如果業績不好怎麼辦？如果公司虧損怎麼辦？你還有其他的金援管道嗎？

尤其在台灣，政府的幫助是很有限的，因為國家喜歡聽話的人民，喜歡講了就照做的勞工，我們的教育採用填鴨式教育，完全培養不出來獨立思考的能力，只要你「背多分」，造成我們機械化的行為，一個口令一個動作，一個願打一個願挨，結果就是我們成為努力的工作，乖乖的扮演好一個勞動者。

不知道你有沒有聽過一個笑話。曾經，有個很知名企業老闆接受國外媒體採訪，在相談甚歡之際，對方提出了一個問題：「為什麼台灣的中小企業這麼強？我們國家無論提供了多少優惠補助、福利政策，但就是沒有辦法讓中小企業興盛起來。」這時，台灣的企業老闆回答：「台灣喔～因為政府不但不會幫你，還會不停的打壓，用盡各種名目來妨礙你的成功。就是因為我們的政府什麼都不做，所以台灣中小企業才會這麼強。」

雖然這是玩笑式的説法，但也凸顯一個事實：不管景氣好或不好，就是有人有辦法賺到錢，也有人會賠錢；有人會創業成功，但也有人會失敗。所以，請不要再去怪政府、怪環境、怪朋友、怪家人及怪你家小狗，「抱怨」及「推卸責任」總是特別輕鬆，反正不是我的錯，如果你持續保著這種態度創業，我相信失敗只是遲早的事。

小資世代智富心法

- 如果你有跟家人借錢，請要把給家人借貸的利息算進支出裡面，等賺到錢時，才不會被獲利衝昏了頭。
- 不要到緊急時刻才知道要借錢，隨時要保有一定金額的週轉金，缺錢的時候才跟銀行借錢是很不明智的選擇。
- 不管景氣好或不好，就是有人有辦法賺到錢，所以請不要東怪西怪，「抱怨」及「推卸責任」總是特別能讓自己接受失敗的事實。

如何踏出創業的第一步

萬事起頭難

想像一下，如果有一天，能夠自由的安排自己的時間，並做著自己喜歡的事情，那該有多好！再想像一下，如果有一天你進了老闆的辦公室並對他說；「老闆，我要辭職去外面奮鬥了，很高興跟您相處的這段時間，也謝謝您一路的提攜跟照顧，希望之後我們始終能保持聯絡。」不知道這段話是多少上班族的心聲。

很多上班族都想出來創業，過著為自己負責的生活，也就是「自由」。但是事與願違，很多人就是沒有辦法踏出第一步，也可以說是「不知道怎麼踏出第一步」，所以只能繼續抱怨、繼續上班、繼續過著為別人負責的生活。我相信很多人不是不願意出來創業，只是不知道如何開始，因為也從來沒有人教過我們要怎麼創業，只有學過怎麼找到好工作，那自然而然，對於未知的事物就很難知道怎麼開始運作。

2010年我剛開始創業的時候，哪知道要怎麼做教育訓練，我又不是本科系出生，只能靠自己摸索。在這摸索的兩年過程中，我發現，雖然創業從無到有的方法有很多種，但是每個創業者其實都有一定的模式在運行，從剛開始的發明產品、解決顧客需求、包裝行銷到成功賣出商品，是可以拆解成幾個步驟去分析的。只要按照下列流程跟步驟去執行，就可以發現其實要開始創業不是一件難事。

POINT 01

如何發想？

上班族開始創業，基本上可以從「興趣」開始發想，什麼是你有興趣的、專精的，你對於這個事物一定有相當程度的了解，做有興趣的事情，也比較容易持久且有熱情。

POINT 02

你有什麼困擾？

在你做這些事情時，你有什麼困擾？跟你做同樣事情的人有沒有相同的問題？是不是有人曾經詢問過你解決方法？

POINT 03

上網搜尋有沒有解決你問題的商品

有可能有人已經解決了你的問題並做出商品了，這是很常有的事，所以你可以先上網查詢看看有沒有相關商品或搜尋多寡，一方面也可以看有同樣問題的人多不多。如果不知道怎麼找，你可以想想你自己想查的時候會打什麼關鍵字，或許就可以找到你要的商品。

POINT 04

是否有人願意花錢解決這些問題？

你的服務使否有人願意買單？這個服務是否需要重覆消費？產品主要就是要解決別人的問題，若你是初期創業又沒有雄厚資金的話，建議你去解決別人固有需求，而不是想辦法創造別人的需求，因為你沒那個時間等待種子發芽長大。

POINT 05

是否可以標準化？

如果可以標準化的話，那就可以委外給別人去操作，因為重點不是賺多少錢，而是「你可以賺到錢又賺得很輕鬆」，錢不要怕別人賺，如果你能夠複製這個事業的模式在其他產業也如法炮製，你是不是建立了很多重的被動收入，那相對而言這種創業的模式風險也是比較低的。

實際案例分享

小吳是個從事保險業務的社會新鮮人。他每天早上九點先進公司開早會，接下來開始打電話連絡舊客戶並做新客戶的業務開發，接著就出外拜訪聯絡好的客戶，下午五點時再回到公司跟主任報告今天的狀況。

在拜訪客戶的時候，有些客戶會請小吳順道買杯咖啡進公司，小吳也很願意幫這個忙。由於小吳跑的客戶很多都是在商辦大樓上班，通常一整棟可能就有快一百間公司行號，再加上附近幾棟可能有四五百間公司以上。

在幫忙買咖啡的過程，有越來越多的客戶希望小吳幫忙帶杯咖啡，為了討好客戶增加自己的業績，小吳也不得不答應。但一個請他幫忙買、兩個請他幫忙買……十個請他幫忙買，就算是年輕力壯的小吳也會覺得很麻煩，而且到後來，甚至都要幫忙買二十幾杯以上。

突然有一天，小吳靈光一閃：「如果這些咖啡，都是我賣給我的客戶的，就算只賺些零頭，一天也可以賺個四、五百元，好像也不錯。」當時是 2001 年，超商還沒有賣咖啡也沒有 85 度 C，所以上班族要買咖啡都要走一段距離到才買得到。於是，小吳就找了一間咖啡還不錯喝但生意不好的店家，然後對老闆說:「老闆啊，我這邊有很多人要買咖啡，我可以每天來跟你叫，但是你每杯必須給我一定的折扣。」咖啡廳老闆心裡想說：「與其店裡都沒有生意，還不如做這筆天上掉下來的訂單，反正給折扣也只是賺比較少而已。」於是就欣然答應了。

接著小吳在每天早上打電話連絡客戶的時候，就會請客戶統計他們公司有多少人要幫忙帶咖啡，然後統計完所有客戶就跟咖啡廳下訂單，叫老闆把煮好的咖啡送到商辦大樓底下，自己再拿上去給客戶。剛開始的時候，小吳只是因為客戶的需求所以順道買杯咖啡帶過去，但他發現所有的人都有這樣的問題時，就察覺到這是一項商機。

小吳當時一個月薪水三萬多，業績好的時候有四萬多。但他在做這門咖啡外送生意的時候，全盛時期業績一天可以賺兩千多元，一個月光靠送咖啡就賺六萬多。而他一天所要花的時間，就只有固定早上十點打電話給客戶統計咖啡數量，再跟咖啡廳老闆下訂，接著再到商辦底下接貨拿咖啡上去給客戶，總共只花他一個小時的時間，但產值卻是做保險的兩倍。

為什麼小吳可以賺到這筆錢？因為小吳掌握了客戶名單並且做到了上述我們講的幾件事。

有時候做生意或創業，不一定一定需要辭職或是資金。有時候只是一個想法、一個概念。只要有人買單，它就是一個好的商業模式。

小資世代智富心法

- 創業可以從「興趣」開始發想，什麼是你有興趣的、專精的，你對於這個事務一定有相當程度的了解，做有興趣的事情，也比較容易持久且有熱情。
- 試著開始去想想當你在做有興趣的事情的時候，你有什麼困擾？跟你做同樣事情的人有沒有相同的問題？試著去想解決的方法。
- 如果你是初期創業又沒有雄厚資金的話，建議你找到別人已經需求的問題解決，而不是想辦法創造別人的需求，因為你沒那個時間等待種子發芽長大。
- 錢不要怕別人賺，如果你能夠複製這個事業的模式在其他產業也如法炮製，你就可以建立了多重的被動收入。

合夥創業 v.s. 獨立創業

合作夥伴想的不見得跟你一樣

某天凌晨一點半，我在線上跟一位好友討論他與合夥人開會的情形，最近，他新開的公司出了一點問題，由於合夥人出身環境與職業背景不同，導致觀念上的落差，目前呈現有點內憂外患的情形。

回到兩年多前我剛創業的時候，我也是有合夥團隊，當時夥伴的思維模式當然也跟我不一樣，所以難免也會有爭執的時候，我是先做了再說的人，而他們是會去做完善規劃的人，同樣是為了業績，我們都想要讓公司成長，出發點是好的，但就是需要一定的磨合。做事業，會有天時、地利、人合，而我個人覺得，人合是最重要的，人不合什麼都不順，溝通起來總是想吵架，每每都在覺得對方到底在想什麼、怎麼會這樣做事。

我相信你應該很常聽過這樣的案例吧：「齁～創業不可行啦！我第一次合夥創業就是跟朋友，當時也沒想那麼多，反正朋友找我又剛好上班膩了，想說轉換跑道試試看，後來的情況就是對方沒有心在這上面，我也發現他跟我想的好像不一樣，做事跟平常出去玩根本就是兩個人，最後發生一些不愉快的事，結果就拆夥了，後來也當不成朋友。」這種事情屢屢發生在我們身邊，儘管這樣，我們好像也不知道怎麼去防範，就感覺總是在發生，那到底要怎麼去評估要不要合夥創業呢？

有幾點可以提供你做參考。

千萬不要為了合夥而合夥

有些人是這樣的，覺得有合作夥伴比較好，自己一個人創業很孤單，阿不然捏！你是出來創業，不是出來交朋友的，千萬不要因為怕孤單而找人一起創業。像我初期是合夥創業，但後來夥伴有個人原因離開了，之後所有的工作就由我一個人負責，你說我孤不孤單，說實在蠻孤單的，但這不是找夥伴的理由。

當初我開始獨立運作的時候，美工、網頁、行銷、客服等等通通自己來，然後開始外包，美工外包、製作網業外包、行銷外包，自己只剩下客服，其實只要懂得分利潤，大多數的事情都是可以外包的，多一個合作夥伴就多一個人平分利潤。

如果是為了資金，請去找金主

很多人創業，是因為上班膩了想轉換跑道，然後又可能因為資金不夠，就想拉有資金的人來共同分攤這筆費用。資金充裕創業是好事，但這樣真的會比較容易成功嗎？

我曾經跟一位剛認識的朋友聊天，一講到合夥創業，他馬上源源不絕的說：「人是最難管理的，每一個人都一樣，碰到利益上的問題就翻臉不認人，這點你要記住。每個都嘛做生意之前講的很好聽，到了後面就不是這樣啦！剛開始創業很辛苦啦！合夥人之間的想法作風和當初的堅持開始產生轉變，其中一個人只要開始有跟當初說好的不一樣的時候，就開始埋下不安的種子了，嚴重的話或許就會反目成仇也說不定唷！而且唷，人性是自私的！數字只要一分一毫有異議的時候，不爽一次…兩次…後面你就知道了……」講了一大段，我非常感覺得出來他的怨念有多深。

資金的問題絕對不是只有你遇到，你是在找「對的人」當合作夥伴，而不是找「有錢或可以幫你分攤錢的人」。如果真的需要更多資金，就寫企劃書去籌集資金，何必拖一個人下水呢！

你的合夥是「1＋1」還是「1×2」？

這個說法是我在某篇創業家的文章看到的，我很喜歡這個解釋。在你的合夥事業裡，你的事業狀態是哪一種？

「1＋1」：一個人做一人份工作，兩個人做兩人份工作。
「1×2」：各有各的強項，互補執行上的缺點，交叉成長。
「1－1」：互相扯後腿，一直在意誰做的比較多。

如果是第一種，那你請個員工就可以了，沒有必要特地找一個合作夥伴來共享你的成績；如果你是第二種，恭喜你！你有可能會越來越成功，而且續航力絕對比一般人久；如果你是第三種，趕快結束合夥關係吧！你們不適合一起創業，但這並不代表你不適合走這條路。

你們的目標一致嗎？

同為做飲料店，但是想法卻可能因人而有很大的差異。「我想要成為全台最大的飲料加盟總部。」、「我想成為賺很多錢的飲料店。」、「我想做最好喝的飲料給我的客人。」每個人的目標本來就不一致，有的人只想賺到錢、有的人有企業使命、有的人則是滿腔熱血，你不能強求別人走上你想走的道路，所謂「道不同，不相為謀。」即便沒有合作，大家還是可以是朋友，或許在別的領域上你們還是有合作的機會。

所以，開始合作之前，最好先討論你們的目標方向是一致的，不然到後期，一定會開始產生許多爭執，那最後就只有吵架的份了。合夥創業不是兒戲辦家家酒，是真槍實彈的做生意，如果在開始之前能夠審慎的評估，相信你在未來的創業之路也會謹慎的對待所有事。

小資世代智富心法

- 做事業，會有天時、地利、人合，而人合是最重要的。
- 只要懂得分利潤，其實大多數的事情都是可以外包的。
- 在創業的時候，你是在找「對的人」當合作夥伴，而不是找「有錢或可以幫你分攤錢的人」。
- 合夥創業一個人做一人份工作，兩個人做兩人份工作，這是「1＋1」；而各有各的強項，互補執行上的缺點，交叉成長，這是「1×2」。而你是要找「1×2」的夥伴。

如何擴展對你有用的人脈

機會來臨就要牢牢抓緊

某日下午，我坐在電腦前用 Facebook 跟一位前輩排定之後出書的開會時間，在敲定完日期之後，他突然冒出了一句話：「你要不要一起成為這本書的共同作者？」

時間退回一年多前，當時這位前輩這在籌劃第三本書，那時我們相識已經一年了。他是我看過最熱情的人之一，凡事說到做到，設定目標完成目標，每每聽到前輩又達到了一個里程碑，我總是很替前輩高興，也期許自己以後也要成為這樣的人。

當時這本書已經完稿接近了尾聲。有天，我去這位前輩的辦公室找他聊天，他跟我說：「景泓，你想不想為我第三本書寫推薦序？」當時的我非常詫異的看著前輩，心裡想說：「怎麼可能！寫推薦序不是通常都是名人作家或已經很有成就的人嗎？我怎麼可能有這個機會！」但是，事情就是這樣發生了。而最後，我也真的為這本書寫了一段推薦序。

我想說的是：「每個人一生總共可能會有兩到三次大的機會，可以讓你很順利的翻身或賺到鉅額財富。相對的，每個人也都會在人生的際遇上，遇到幾個可以讓你從此扭轉一生的貴人。」

勿從眼前利益去衡量對方價值

「某某某在人生失意時，遇上了貴人，逆勢負債創業成功，打造新王國。」當你看到這種新聞的時候，如果你想的是

「運氣真好，剛好碰到貴人相助。」或「還不是靠親友的人脈，才有機會翻身的。」如果你這樣想，那我相信你要遇到貴人的機會應該不會太高。

遇上貴人也許有一部份是「運氣」的關係，但是你是不是能夠提升運氣呢？你覺得郭台銘遇上貴人的機率跟你遇上貴人的機率，哪個大呢？

一般人之所以很難遇到貴人，是因為他們只想要獲得立即上的好處，就像 appWorks 創辦人林之晨講的：『太多人用非常勢利的角度去看待人脈，一天到晚只想認識「有利用價值」的人。這其實是很愚蠢的行為，你以為所謂「有利用價值」的人都是笨蛋嗎？你一心一意只想要他手上的「資源」，人家都是看在眼裡的，這樣『短期優化』的行為，其實無法把你帶到哪裡去。』如果你衡量跟一個人喝咖啡的價值是，他有沒有資金援助我？有沒有團隊可以合作？可以幫我找到便宜的設備廠商？有沒有我需要的人脈可以介紹給我……這些問題的話，那就真的太短視近利了。

的確，這些對於剛創業的人，這些「立即性」的資訊是很重要的，因為你們要生存，要趕快賺到錢，所以沒辦法去設想太多更長遠的佈局。只是很遺憾的是，我們或多或少可以體會你這些迫切需求的原因，但這絕對不是能幫你找到貴人的最佳方法。

看穿哪些人不是你的貴人

我不太會去拒絕別人的邀約。只要有時間，幾乎任何人跟我約見面聊天，我都會答應。這樣當然有好有壞，偶爾會碰到一些根本不知道為什麼要找你的人，或是重複聽了很多次一樣的事。但我也知道，這種「找人喝咖啡聊天」的活動，反而會讓我有意想不到的收穫，特別是資訊的獲得及商業模式的衝擊。但是，有一些人在你接觸之後，你就可以慢慢的敬而遠之，因為他只是虛有其表、浮誇自己而已。對於這些人，你可以從某些方面來觀察。

POINT 01

頭銜一大堆，但沒一個聽過

業務在製作名片的時候，常為了面子很愛「膨風」，顧問、總監、資深經理等等，讓外人覺得很厲害；又有些是會去參加一些你沒聽過但又感覺很厲害的組織，然後掛個名，像公關主委、行銷幹部、協會秘書長之類的，但其實根本沒有做什麼事。真正有實力的，根本就不需要靠這些包裝，一出手就知道是不是內行人了。這年頭，經歷頭銜已經沒那麼值錢了，有沒有料才是最重要的。

POINT 02

喜歡占別人便宜

合作是要建立在一定的信任基礎上的，但有些人卻根本還沒跟你建立關係，就要你幫忙東幫忙西，好像幫你當作自己人，其實根本就是把你當免費的員工。就我所知的大老闆或是有能力的人，基本上他們都很願意「給」，提供自己的資源跟人脈給對方，很多事情都不太計較誰付出多誰付出少。「有錢不怕你賺，只怕你賺不夠或賺不到。」所以，千萬不要跟小鼻子小眼睛的人合作。今天他東凹西凹你一點，一定沒完沒了。

POINT 03

愛誇大自己

你身邊是不是也有些朋友，當你問他有沒有辦法解決某些問題時，他就會說：「沒問題，包在我身上。」、「這點小事，交給我處理就行了。」但是說的總是比做的快，很多事最後就不了了之，然後就怪罪到其他事物身上：「大環境變了，現在不可行。」、「都是政策的錯，不然早就成功了。」這種人，就是會說的自己有多厲害一樣，一個人身兼多職，什麼都幹過，到處都有他的人脈，深怕好像沒有人不知道他一樣，但其實什麼都不懂。

POINT 04

不願共同承擔風險

剛開始決定要不要合作，是建立在誠信上，而開始正式執行計畫時，就應該要能對等互利且共同承擔分險與責任。所以，如果你跟別人合作，結果事情都是你在做，結果也要你自行承擔，我相信，你們的合作也不會長久的。因為這種人，只想要等著拿好處。

朋友與人脈是靠交心得來的

請回想一下，我們求學時期都是如何交朋友的？在那時，你幾乎不會因為功、名、利等等的條件來判斷要不要交這個朋友，而是出自於真心付出、建立友情。出社會後，結交人脈也是如此。真正的好人脈，是從「無所求」開始經營，就像以前念書交朋友的心態一樣。付出是不求回報的，我想你應該不會計較對於哥們或是姊妹淘付出了多少，只會在乎他們好不好、有沒有解決他們的問題，這就是經營好的人際關係最重要的方法。

這個世界就是如此，無論個人有多厲害、策略跟商業模式有多高竿，若是單打獨鬥的話，絕對贏不了團隊。千里馬需要伯樂；籃球之神喬丹也是需要他的最佳拍檔皮朋。所以你也需要貴人，每個人都需要貴人。而貴人不一定是比你厲害的人，有可能只是你在職場遇到的一位朋友或前輩，他只是剛好提供了你的需求或是一個想法，讓你的事業開始蓬勃發展。**最快讓你遇到貴人的方法就是跟那些已經達成你目標的人混在一起。**

透過合作成為彼此的貴人

我們都知道「借力、使力、少費力」，而如果在你這個產業的貴人可以拉你一把，那等於你已經先站在巨人的肩膀上了。這是個「水幫魚，魚幫水」的社會，貴人也會有需要你幫忙的時候，只是你願不願意先無條件的付出呢？每個人的職涯生活，其實就是人與人的互動與交流。培養關係沒有什麼訣竅，就在於你有沒有用「心」在交往。很多人在交友的時候，會從自己的觀點出發，想說對方能幫助我什麼，但這樣是不對的；你應該從別人的角度出發，從對方的觀點看世界，設身處地的想能幫助對方什麼。

《人生是永遠的測試版》作者雷德．霍夫曼及班．卡斯諾查在書中有提到：「當你認識新朋友的時候，不要再問：「這對『我』有什麼好處？」，而是該問：「這對『我們』有什麼好處？」一切自會水道渠成。」另外，千萬不要省著不花你的薪水，我不是認為你不要去儲蓄、累積財富、或是寄一部份錢回去家用，而是你應該也要花一些錢去投資自己，或是跟朋友喝咖啡、擴大你的生活圈。如果你一直小家子氣，你要怎麼結交到更多的人脈呢？

王品集團戴勝益曾說過：「如果月薪不到四萬元，我認為你就不要去儲蓄、不要累積財富、不要跟會，也不要寄回家裡，要把薪水花掉，去擴大自己的視野、交很多朋友、累積很多知識。如果只賺四萬元，要儲蓄、要拿回家裡，那會過得很慘，年輕就是要擴大自己，而不是把自己縮小。」成功人士常會去做一些對他來說很有意義的事，可能是登玉山、騎腳踏車環島、去偏遠山區當志工等等，這些都是為了擴大自己的視野及格局，而這也是你必須做的。**當很多事情你去接觸了以後，你就會開始有了「感覺」，有感覺就會覺得踏實，踏實就會有動力去執行並努力達成目標。**比如說你想要買 BMW，那你有沒有試著去過 BMW 的展示間看過車？有沒有去試乘過？即便你知道你當下買不起，但是有「接觸」就是會開始讓你感覺不一樣。

我還在念書的時候，每次看國外的動作片，好多主角開的車都是奧迪，所以我從念書時代就立志要買奧迪。而當我畢業沒多久以後，我就去奧迪展示間看車，即便我沒有錢，但我就是有那股「霸氣」讓別人覺得我是有能力買的。所以當我去看車的時候，業務員也沒有因為我的年紀就瞧不起我，認為我買不起，他們也是非常仔細的跟我解說車子的性能與特性，因為我展現了我的「自信」。

千萬不要瞧不起自己，「在貴人眼中，有時你的能力強弱不一定是最重要的，而是你從身上散發出來的自信。」

小資世代智富心法

- 如果你衡量跟一個人喝咖啡的價值是，他有沒有資金援助我？有沒有團隊可以合作？有沒有我需要的人脈可以介紹給我這類問題的話，那就真的太短視近利了。
- 無論你個人有多厲害、你的策略跟商業模式有多高竿，但如果你是單打獨鬥，絕對贏不了團隊。
- 最快讓你遇到貴人的方法就是：跟那些已經達成你目標的人混在一起。
- 培養關係沒有什麼訣竅，其實就是在於你有沒有用「心」在交往。
- 在貴人眼中，有時你的能力強弱不一定是最重要的，而是你從身上散發出來的自信。

事業始終不見起色，問題究竟在哪？

逆水行舟，不進則退

「創業太危險了！住對面棟的那個鄰居，之前也是當老闆的，結果創業失敗，現在在開計程車。」

一個下午，陽光灑進了我房間，我爸爸在窗戶旁跟我講了這席話。時光快轉三個月。今天距離我開始創業大概已經二年半了，事業總算是開始步上了軌道，一切終於比較算是有了個固定模式，這是件好事，但也可以是件壞事。

當一個事業趨於穩定而沒有繼續進步或嘗試創新時，那代表離失敗已經不遠了。事業，是沒有停下來的一天的。如果你創辦了一家企業，企業就像是一棵大樹，有樹幹、樹枝、及樹葉，樹並不會停止生長，而會不斷的長大；樹葉也不會停止掉落，樹葉就像是員工，員工會來來去去，所以當有員工離去的時候，並不要捨不得，因為當公司正在成長時，這是必經的過程。而你要確保的是，樹要不斷的長大。

我自己也經歷過這種陣痛期：嘗試新的行銷策略、辦新的活動、招募新的人員、做新的策略聯盟、嘗試新的商業模式。做事業就像經營人生一樣，人生就是不斷的測試。雷德．霍夫曼及班．卡斯諾查在《人生是永遠的測試版》裡提到：「無論你處於哪個人生階段，讓單一夢想主導你的存在都是不智的。」如果你在做事業也是一成不變，我相信你很快就會遇到瓶頸。

做了不一定有好結果，不做一定沒結果

回顧我的創業過程，也是不斷嘗試，很多人質疑的一點是：我怎麼知道新的嘗試會帶來好的結果？或許，新的嘗試不一定會帶來好的結果，但不嘗試只會越來越糟。做生意，生意不好是很「正常」的事，你又不是在當公務人員，**而創業最好玩的地方就是每次解決遇到的問題之後，那種爽度和成就感。**

我在辦教育訓練的時候，曾有一場說明會，現場只來了「三個人」，工作人員都比學員多，但我們還是照常把活動辦完，而後續的檢討就很重要了。檢討的方向根據產業類別略有不同，但回歸基本面其實就是那幾樣：產品、行銷、服務。以我做教育訓練為例：

POINT 01

產品

我的課程的優勢在哪裡？跟別人的課程有什麼不一樣？收費便宜？內容實際？每個人都會有想要學習的事物，而什麼是多數人的需求，這就很重要了。就像我們以前課程的內容是著重於實體創業，但發現現在的人越來越不敢去行動或承擔比較大的風險，創業相對來講是比較難去執行的，而經由不斷的修正與分析，發現如果是著重於「投資理財」，會有更多有意願的人來報名上課，因為相對於創業，投資理財對於個人要改變的習慣是比較少的，比較多人能確切的去執行。

POINT 02

行銷

有多少人知道你有在開課？你花了多少廣告預算？網頁或DM做的是否吸引人？關鍵字廣告怎麼打，絕對不是有打就好，你必須去測試每個關鍵字的C／P值，並且去找到你的「長尾關鍵字」，絕對不是花的錢多效果就一定好，重點是轉換率跟成效。另外，也可以去觀察同行是怎麼做的，跟他們的課程比較起來，我們家的課程優勢在哪裡，每個人的商品一定都有自己的獨特性，你沒有必要成為所有項目的第一，而是應該專注於你的優勢。還有，你也可以參考跟你不同類型的商家都在做什麼，別人的行銷模式不一定就不能套用在你的商品上，而且通常觀察別人的行銷下來會成為你靈感的來源。如果有時間的話，甚至可以看看國外的商家是怎麼做的。

通常透過這幾個方向去檢視，你都可以發現到底是哪裡出了問題。

POINT 03

服務

你的服務能滿足現有的客戶需求嗎？服務夠完善嗎？很多時候，買東西並不是你真的很喜歡這個商品，而只是一種「感覺」，這對於那種買東西會「失心瘋」的人應該就是可以這麼解釋了，我相信你應該也曾有遇到這種情況。

以我自己的教育訓練為例，我們除了提供複訓之外，後續我們再辦的許多活動，學員參加也都是不另外收費，並且，老師也會親自參與蒞臨指導。我們對於我們學員的「服務」，讓他覺得買一項商品送好多服務，有種物超所值的感覺，也就是超過他的期望值，所以學員就會從陌生人變成朋友，朋友變成粉絲，最後只要你說什麼他都買單。

當你去一家你從小到大都去那裡消費的店，老闆可能從你還沒出身就在服務你爸媽了，他連你念書的學校、有幾個兄弟姊妹、在哪裡工作、甚至連家裡住址都知道，當他推薦你某樣產品的時候，你也不會有什麼猶豫，對吧！

也許問題就出自己身上

有時候，真的不是你要去檢查到底是哪裡出問題，而是你本身就是個問題！不好意思，很寫實很難聽很直接的這麼說，因為，你可能就是那 90%「半年症候群」的病人之一。

某一天下午，我的合夥人突然用訊息敲我，問我知不知道我們的一個共同朋友悄悄地把創業的店關門的事情，我說我不知道，不過這件事情其實早有徵兆，所以我沒有很意外。那位朋友也是一個位很有幹勁的年輕人，年紀跟我們相仿，二十多歲剛畢業沒多久，憑著一股熱情跟家裡借了一百多萬創業開店。在還沒開店前，他先去原有的店家看看周圍狀況，還拿著大聲公在店門前大喊：「大家好，我是未來的老闆某某某，我將要在這裡開始服務各位朋友，歡迎大家以後常來光臨。」說真的，我很久沒有看到這麼有熱情的創業家了，那股精神，根本就是我們創業家的典範。

而時間過了半年，有次我去他店裡，他意志消沉的跟我說：「景泓哥，拜託拜託！幫我找找有沒有人可以接手這家店，我快撐不住了，做生意真的沒有想像中的那麼容易。」怎麼會相差這麼多呢？

「熱情，好像不能當飯吃。」

如果，你持續發展事業卻沒有辦法逐步解決你遇到的問題，你就會開始到事業的另一個階段，就是所謂的「撞牆期」，通常時間是創業開始的半年。據政府統計，90% 的新創業者會在的一年內倒閉，剩下來的 10% 裡面的 90%，會在五年內倒閉，所以最後存活下來的，就只有那不到 1%。

當年我剛創業的前半年，一個月平均收入不到 3,000 元，完全是靠著大學打工的老本過生活，還好我那時還有兩個合作夥伴，大家可以互相扶持，但要是你沒有一個支持你的家人或夥伴呢？

光靠熱情並不夠，還要有解決問題的能力

雖然這是台灣教育沒有教好你的事情之一，但沒辦法，這就是你要努力去學習的能力。當你有能力解決問題的時候，你的成就感將會開始慢慢的提升，樂趣跟熱情也會慢慢的增加，最後你的財富就會成長的非常迅速。

在我剛過了半年的撞牆期之後，你以為我的收入就有恢復到上班族水準了嗎？沒有，整整過了一年半才恢復。過了「撞牆期」並不代表你一定已經賺到錢或損益兩平，而是你對於你的事業有足夠繼續下去的動力與信念，而如果最終發現創業並不是你的熱情所在或是你根本不適合創業，那也沒關係，你至少學到了許多寶貴的經驗。

小資世代智富心法

- 當一個事業趨於穩定而沒有繼續進步或嘗試創新時，那代表離失敗已經不遠了。
- 做生意，生意不好是「正常」的事，創業最好玩的地方，就是每次解決遇到的問題之後，那種爽度和成就感。
- 有很多時候，買東西並不是你真的很喜歡這個商品，而只是一種「感覺」。
- 你持續發展事業卻沒有辦法逐步解決你遇到的問題，你就會開始到事業的另一個階段，就是所謂的「撞牆期」，通常時間是你創業開始的半年。
- 創業除了要有熱情，你還要有解決問題的能力。

當老闆還是當員工？找出自己的定位

別上了網路便利性的當

創業會不會成功，最重要的就是「遇到困難解決問題的能力」，這也是最需要磨練才能習得的技能。你會不斷地面對困境，然後想辦法創造勇於突破的意志力。現在的年輕人越來越喜歡用「網路創業」，這並沒有不好，但是如果把「網路傳直銷」當成「網路創業」，那就不對了。網路傳直銷，其實就是傳統的傳直銷網際網路化。而業者說著像下面更誘人的話術吸引你，結果你就中招了。

- **不用推銷賣東西**
- **在家上網，隨時可以工作**
- **利用兼職的時間賺取被動式收入**
- **收入無上限**
- **免費加入體驗**

現在年輕人真幸福，看到網路傳播的便利而認為創業是一件很簡單的事情，結果，卻變成一個發網路傳單、寄垃圾郵件的人。你以為在創業，其實只是傳單工讀生而已。當年我也是這樣開始的，利用跑軟體，在網路上濫發訊息，藉以吸引別人加入網路傳直銷事業，但最後卻快速收場了。因為，這些人都是想賺「快錢」的人，想說利用網路賺錢很簡單，一兩個月沒有成績後，就開始抱怨，然後就開始在網路上找下一個機會，然後不斷的循環，卻不曾去檢討或是走出電腦來看看外面的世界。

你其實從來都不認識老闆

人人都害怕失業、無薪假，越來越多人想走創業這條路，雖然上班得看老闆臉色，但當老闆卻得承受壓力及風險。我曾經在網路上看過一句話，「員工可以跳槽，但老闆只能跳樓」，雖然是玩笑話，但也一語道出老闆必須承擔的責任遠大於員工。所以，究竟你要當員工還是當老闆，心中應該也要有一把尺來衡量自己可以承受到哪一種階段。

有很多人覺得老闆為什麼不設身處地的替員工想，但是試問自己，你曾背負家人的期望、親戚的支持、朋友的祝福，那種無法讓任何人失望的滋味嗎？你試過扛著貸款、員工的生計、股東的要求，那種無法讓自己休息的滋味嗎？你曾經因發不出薪水，把的家當都拿去當，把老媽的養老金借來用，把現金卡循環利息的錢借出來用，每天只睡幾個小時，員工準時下班還要對著他微笑說「辛苦了」的滋味嗎？在這邊並不是要強調老闆有多偉大，只是，你不一定認識老闆。

我一個朋友是總經理特助，他曾經計算一個讓我訝異的數據給我聽：「兩天颱風假，公司兩百人沒上班，薪水要照發，辦公室租金要照付，兩天的收入要中斷。一個人一天薪水平均一千元好了，兩百人就四十萬。辦公室租金一個月一百五十萬，兩天相當於十萬租金成本。」所以至少是 50 萬新台幣即將蒸發！

找到適合自己的路

在還沒開始真正創業之前，我一直認為，創業成功一定要非常非常努力，還要吃苦耐勞，每天睡不到 4 小時，365 天不斷工作，必須學會各種技能，還必須有許多的資本，才能創業成功。但是，若有人再來問我，創業成功的關鍵有哪些？我會毫不猶豫的說：不是要吃苦耐勞、不是要非常努力、不是要有再多的錢、不是要擁有許多專長、也不是每天睡不飽、統統都不是…

這些都是一般人認為創業成功的人所該有的作為，而我也曾經深信不疑。在我創業的過程，不管我經歷多少次失敗，我都認為是自己不夠努力、做得不夠好，才造成這個局面，所以總是默默的對自己說：「失敗是暫時的，堅持下去，一定會好轉的…」但問題是：「錯誤的思維和方法，就算再努力一千次、一萬次，還是錯。」努力並沒有錯，但很多人沒有仔細思考過：**「在你的事業中，你究竟是努力做員工應該做的事，還是努力做老闆應該做的事？」**

小資世代智富心法

- 創業會不會成功，最重要的就是「遇到困難解決問題的能力」，這也是最需要磨練才能習得的技能。
- 在經濟不景氣的現在，每個人都害怕失業、放無薪假，所以越來越多人想往創業這條路發展，但是相對的當老闆得自己承受創業的壓力及風險。
- 錯誤的思維，錯誤的方法，就算再努力一千次、一萬次，還是錯。
- 努力並沒有錯，但你要認真的思考過，在你的事業中，你究竟是努力做員工應該做的事，還是努力做老闆應該做的事？

戰勝窮忙人生的自我課題

明天

- 調整你的心態，確定自己是否有想要走上創業之途。如果有，是否有已經想要執行的創業項目，是否有經濟來源支撐自己去開始運作。
- 列出你的興趣，想想你平常做這些興趣有什麼困擾，並且有什麼方法可以解決目前的困擾，上網查是否有人提供此項服務，如果沒有，試問自己願意花多少錢買這項服務。

下週

- 找五個跟你平常從事相同興趣的人。問他們是否也有遇到相同的問題？是否願意花錢解決？願意花多少錢？是否有認識很多人有相同的問題？
- 開始練習撰寫企劃書，列出你的市場分析、經營區塊、競爭優勢等等資訊，在撰寫的過程你就會慢慢發現是否有利基市場。

下個月

- 拿此企畫書去找三種人：一個是有在做生意的老闆或企業家，一個是跟你同樣困擾的人，你一個是你信任的好友或家人。請問他們看完是否有興趣，有什麼地方要修正的。
- 開始以專案去實驗企畫書，先不要辭職，另用下班時間或週末的空檔投入。找幾個做相關工作或行業的人，請他們出來喝咖啡聊一下，你的計畫是否有跟他們合作的空間。長期維繫這些關係，以便獲得多元資訊，讓你更有應變能力。

CHAPTER3

財務智商篇

打造高財商，讓自己成為金錢磁鐵

你自認是個聰明人，但投資卻屢屢失敗，
那是因為你沒發現聰明並不等於高財商，
人人想賺到財富，但是你有認真去研究過財富嗎？
基金、保險、信貸，唯有了解它們，
你才能看破銷售員話術下的陷阱，
讓財富自然流向你身邊。

人生中最值得投資的項目

你已經被僵化的體制定型了

由於社會的快速變化，競爭越來越大。改變，已經是讓人一想再想卻又不敢行動的一個奢望。在受教育的過程中，學校常會教育學生要靠自己的力量來完成事情，卻不教育學生凡事要合作把事情做大做好，因此，所以也讓人越來越不敢改變。財團崛起、資源分配不均，造就富者恆富，貧者越貧，你我有如新一代的奴隸，背負巨大的貸款與負債，想多賺點錢，一不小心就會產生巨大的風險。有資源者禁得起失敗與測試，透過大範圍宣傳來創造利潤，無資源者只能透過自己的努力與才華來賺取生活費，過程中須以一己之力來對抗財團組織又不能有任何閃失，一有失誤即會付出很大的代價。

現今社會，如果想要做大，一定要靠「團隊運作」。**小成功靠自己，大成功靠團隊**；沒有完美的個人，只有卓越的團隊。你必須打造核心團隊，培養成功的夥伴，擁有共同的目標去執行，你會更容易成功，但是一般人並沒有要跟別人合作的觀念。

被束縛的價值觀

我們從小就被教導要努力用功讀書，取得好成績，考試合作就是作弊！導致長大也不敢跟別人合作，但有錢人卻是善於合作互惠，交叉持股、合夥投資房地產、聯合炒地皮、異業結盟交流商機。試想：身為上班族，有一天，一個認識 10 年的朋友，找你一起合作創業開店或投資房地產，互相拿出 100 萬來當本金，請問你敢嗎？我相信，90% 的人是不敢的！為什麼不敢？因為你覺得有風險，你內心會開始出現許多小聲音：

- **「他以前也是在上班，突然去創業會不會有什麼問題？」**
- **「他又不是房仲，投資房地產真的會賺錢嗎？」**
- **「雖然我們認識十幾年了，可是聽過好多朋友一同出來創業或投資失敗的例子，怎麼辦？好像風險滿大的？」**

沒辦法，學校只教了我們良好的「學術知識」，但從來沒有按部就班的教過我們「財務知識」。

財務知識的重要性

作者安德魯．哈藍在《我用死薪水輕鬆理財賺千萬》一書中講到：「大部分的學校並未正確地教導理財知識，因此你可能像數以百萬計的人一樣，被教育體系欺騙。回想一下，父母親是否與你分享過，他們花了多少年才還清房貸，這當中有哪些影響因素？是否向你說明過信用卡如何運作，以及自己如何理財投資？對於如何選擇家中的房車，有哪些見解和考量？有沒有告訴你如何付清車款，或是必須支付哪些房屋稅和所得稅？在大多數的家庭裡，父母親不談論這些事情。由於缺乏完整的理財投資教育，因此名校畢業生的財務知識，可能只比十四歲的中學生多一點而已。這些人進入職場後，就像衣不蔽體地走在嚴冬的寒風中。」

我們的父母，希望我們按照他們的步驟去做，但卻期望我們能獲得成功，這不是很奇怪嗎？平常避而不談的事情，卻要我們自己學會。而有錢人卻不斷精進自己的財務知識與財務智商，每個人都善於團隊合作，成功人士一定都會有自己的團隊，打的是「團體戰」，越會借力使力的人，越有可能將自己的成就推向高峰。而他們贏一般人的就是，他們「敢」跟別人合作。

你或許會說：「有錢人比較有錢，當然比較敢冒風險啦！」沒錯！有錢人是比較有錢，但是他們之所以更容易成功，是因為他更會評估風險、降低失敗因子、提升成功機率，也就是比你更有「智慧」。當你上完很多課程之後，的確！你得到了很多知識，你增加了你的財務智商，這很好，這也是你需要的，然後呢？**如果你不能將你的「財務智商」轉化成可獲利或賺錢的「營利模式」，那一切都是空談？**

學到的叫「知識」，活用的叫「智慧」

千萬不要像股票名嘴一樣，説的一嘴好股票，但實際上大多不是靠操作股票在養家活口，而是透過招生、招攬會員賺取「會員費」。那些名嘴因為他的專業而成為名嘴，但現在卻沒有教人如何透過買賣股票來獲利，不是很好笑嗎？

通常家裡本來就是做生意的小孩創業比較容易成功，不是因為家裡的資金挹注，而是從小就耳濡目染，環境影響造就了後天優勢。大家都聽過，10 個老闆有 9 個是業務起家的，他們運用環境、相關的人脈，去評估事業的可行性；而上班族通常不會是這些領域的專家，但這也就罷了，最不該犯的錯誤，就還「自以為」是專家，總是抱著「自己先試試看」的想法先做，覺得「這有什麼難的！」最後賠大錢才知道要找專家，但這時候已經來不及了。所謂「省小錢，花大錢」就是一般人的寫照。

那你該如何避免掉入財務的深淵呢？就是要投資自己的腦袋，提升自己的財務觀念與財務智商。**一個人一生最值得投資的，就是自己的腦袋。只有自我價值是不會衰退的資產。**

小資世代智富心法

- 做任何事情都應該要透過合作來把事情做大做好，只是我們在受教育的過程中，學校卻常常要我們靠自己的力量來完成。
- 小成功靠自己，大成功靠團隊；沒有完美的個人，只有卓越的團隊。
- 為人父母，千萬不要期待小孩按照你的步驟去做卻想產生不一樣的結果。
- 如何避免掉入財務深淵的方法就是投資自己的腦袋，提升自己的財務觀念與財務智商。

學習最基礎的財務智商教育

富人與窮人的差異

當今社會已經成為有錢人越來越有錢，貧窮的人越來越貧窮的M型化狀態，即便把這兩種人一切的外在物質因素全部去除，有錢人還是可以很快的就翻身，就像你把股神巴菲特或比爾蓋茲身上的衣服剝得精光，扔在撒哈拉沙漠的中心地帶，但只要給他們一點時間，並讓一支商隊從他們身邊路過，要不了多久，他們一樣會成為億萬富翁。

大部分的有錢人之所以有錢，不是因為意外之財，而是透過自身的努力將賺到的財富保存下來。你應該有聽過許多這類的成功故事：「因為一個契機，賺到了巨額的財富，但因為不知如何掌管這筆財富，錢來得快、去得也快，而經由持續努力跟學習，終於又將財富累積到新的境界。」

沒錯！有錢人不是天生就很厲害，他們也是靠後天的學習培養出財務智商、對錢有「敏感度」。所以，你只要掌握了金錢的遊戲規則、通曉原理，你一定可以獲得你想要的財富。以下幾個觀念，是最基礎的，你必須先了解什麼是最基礎的財商。

知識就是金錢

若你剛好不是官富二代，也沒有中過樂透頭獎，沒關係，你不用怨天尤人或抱怨老天不公平，出生本來就不能自己決定，何況這樣也不見得是件壞事。所謂英雄不問出生低、萬丈高樓平地起，真正的富人都是白手起家的。每個富人每天都在實踐一句上至耄耋老翁，下至婦孺稚童，人人都知曉的話：**「知識就是金錢。」**

很多出生有錢或一夕致富的人，由於財商太低，很快就把不屬於自己的財富賠掉，這也是為何那麼多樂透得主在多年後都打回原形，因為擁有無法掌控的財富，最後結果就是：失控。財商和智商不同，財商 100% 得靠後天學習。所以，透過學習，掌握必要的理財知識，就可以透過財商來累積你的財富。如果單憑知識，你就能在交易中獲利，利潤回報率還不低，那你會不會投資自己來學習呢？每個人都說：會，但是大部分人就只是說說而已。最後的結果就是：缺乏知識，尤其是缺乏財商，然後可能在理財過程中遭受巨額損失。正如羅伯特．清崎在《富人的陰謀》一書中所說：「今天，你不需要本金就可以掙錢，也可以在轉瞬間損失掉一輩子的積蓄。這就是知識就是金錢的含義。」

讓錢生錢、財滾財

有錢人都知道，賺錢最快的方式，就是用錢生錢、錢滾錢。初期可能速度很慢，但這就像是滾雪球一樣，雪球會越滾越大，而且會速度越來越快，最後你不需要推就會自己滾動，而財富便會以等比級數成長。而為什麼要用錢滾錢主要原因，就是為了對抗通貨膨脹。根據主計總處資料顯示，過去 10 年來，食物類漲幅最大，其中蛋類漲價超過 66% 最高，但相同時間點，平均薪資漲幅竟只有 5.1%。通貨膨脹給生活帶來的壓力無須贅言，你我都感覺的到。在通貨膨脹的年代，理財就是在和通膨賽跑，薪資成長速度如果比不上通膨，就只能讓錢生錢的速度比通膨的速度要快才行。只有這樣，你才能保證今年的生活水平不會比去年差。

想理好財就得慎選投資標的

一般大眾，因為對投資理財的資訊涉獵不多，造成強大的資訊落差，所以只能看理財周刊的精選推薦或上網看理財網站的達人意見來決定自己辛苦賺來的錢要怎麼投資？怎麼想都不對。所謂「女怕嫁錯郎，財怕站錯行」，理財一定要找對投資標的物，才有可能可以把你的金錢放大。如果你只是一位普通的投資者，對股票、基金、債券、房地 、儲蓄險、選擇權、權證、黃金等投資工具不是特別了解，一定要不恥下問。千萬別自以為是，好像自己看看書、上上網看看線圖就可以開始操作，多向專業人士詢問，多與別人交流，借助專家的眼睛，站在成功者的肩膀上，你可以更好地選擇適合自己的理財工具。

巧用債務來理財

「我沒有缺錢，為什麼要跟銀行借錢？」這是很多上一輩人的觀念，認為借錢就是負債。許多人都認為，債務是不好或是邪惡的，遠離債務才是明智之舉，但負債也有分良性債務和不良債務。套一句富爸爸一書作者羅勃特 ·清琦的說法:「不良債務就是從你的口袋把錢往外掏，良性債務則是往你的口袋在送錢。」舉例來說，信用卡循環利息就是不良債務，因為它讓人們的債務越滾越大；而不動產投資所產生的貸款則是良性負債，因為如果能夠將房子出租或擺著增值，這部分的債務能幫你產生現金流，而現金流扣除房貸以後，還可能為你剩下一部份錢。可見，**你必須巧用你的債務來為你帶來正向現金流。**

你會說「錢話」嗎？

如何去評斷自己的成就或是年收入，最簡單的方式就是把身邊最密切相處的 5 ～ 10 位朋友加起來平均就大概是你的狀態。那，有錢或成功人士聚集在一塊的時候，他們都在討論什麼呢？

大家都知道，人類是透過語言進行思考跟溝通，一旦喪失語言，社會將無法進步，陷入停滯。同樣的，在邁向成功的過程，你必須學會並習慣使用金錢的語言，你才有可能可以賺得到錢。「我對賺錢不感興趣」、「理財是有錢有閒的人在做的事」、「政府應該要照顧社會大眾、提供保障」等等，這些是窮人的詞彙。「我有份高收入的工作」、「我不會把雞蛋放在同一個籃子裡，我懂得要分散風險的觀念」、「我的房子是我最大的投資」，這些是中產階級的詞彙。「我投資的房地產持續為我產生現金並帶來穩定的現金流」、「我在挖角專業經理人來當我的執行長」、「我的策略是，通過集資兩年後 IPO 讓我的公司上市上櫃」，這才是富人們的語言。窮人、中產階級、富人，這三種身份標籤並沒有在你出生之日就烙在你的前額，羅勃特．清琦也是透過富爸爸的耳濡目染、《有錢人想的和你不一樣》作者哈福 ・ 艾克也是經過了一番寒徹骨才得撲鼻香。人非生而知之，沒有誰天生就會賺錢的！

大多數的有錢人，都是白手起家、打造出一番事業。為什麼有些人能改變？但為什麼大部分的人卻在貧困線上苦苦掙扎？其中一個原因，就是富人懂得去學「金錢的語言」，並致力於提升腦袋的「財商」。而大部分人卻還根本不知道金錢的語言及財商的存在，只會一昧的抱怨。

當錢不再值錢，錢就不是錢

世界正處於金融無知與無能的危機之中。日幣不斷貶值；美國政府宣布 QE3 是額度與時間無上限；台灣勞退持續邁向破產的路途、健保持續擴大赤字，史上最大的金融掠奪正在進行著。我們的錢正在被政府透過稅收、不良債務、通貨膨脹、保險等方式被合法掠奪。《金融大騙局》一書曾說到：「若印鈔票就能創造財富，理應我們都是有錢人，但鈔票不是財富，它只是財富的一種收據憑證，而當收據換不回實質的資產，那也就只是一張壁紙。」財商教育的缺失讓大部分國人都陷入了這場危機，只有提高自己的財商才能把逃出這場危機。如你所見，各國的領導人都在試圖以造成經濟問題的思維方式來解決問題，並不斷的把泡泡越吹越大，問題是能否解決只能由時間來考證，但泡泡總有破的一天。

當錢不是錢，錢不值錢的時候，你我最好先作出改變，改變自己的理財觀念，提高自己的財商教育，掌握金錢的語言。只有這樣，才能實現真正的財富自由。

睡覺也能賺大錢

比爾蓋茲曾說：「如果你從睡夢中醒來時沒有賺到錢，就說明你沒有賺錢。」也就是說，賺錢是可以 24 小時不停頓的。我的貴人之一卓天仁老師在他的著作《其實你離成功只差 1%》裡面也有提到，他也曾經被梁凱恩老師說過：「天仁，為什麼有人可以日進上千萬元，而你卻一個月只能賺三萬元？」

有人月入百萬，有人卻在為基本工資而工作，這就是速度的差異。在涉及金錢交易時，大部分人依然處於石器時代。他們以每小時、每個月，或交易數量來獲得報酬，為薪水、出賣勞力而工作。而富人卻透過建立自動運轉的系統、打造財務管路來實現了 24 小時不間斷的賺錢（EX：店面、公司、房地產）。窮人成線性地創造財富，而富人卻是以指數創造財富。

小資世代智富心法

- 只要掌握了金錢的遊戲規則、通曉原理，你一定可以獲得你想要的財富。
- 如果你的財商太低，千萬要趕快想辦法去學習，不然就會像很多中頭獎的人一樣在多年後就打回原形。
- 你只能讓自己錢生錢的速度比通脹的速度還要快才行。只有這樣，你才能保證今年的生活水平不會比去年差。
- 不良債務就是從你的口袋把錢往外掏，良性債務則是往你的口袋在送錢。

造成通膨的推手，銀行吃剩分你賺

你是買希望，還是買風險？

「基金經理公司以往之經理績效不保證基金之最低投資收益。基金經理公司除應盡善良管理人之注意義務外，不負責各基金之盈虧，亦不保證基金之最低收益。投資人因不同時間進場，將有不同之投資績效，過去之績效並不代表未來績效之保證，投資一定有風險，基金投資有賺有賠，申購前應詳閱公開說明書。」

有沒有覺得這一段話很耳熟？這是在買基金前一定會叫你閱讀的事項。所謂投資理財就會有風險！沒有什麼穩賺不賠的，但是卻還是總是相信著過去的績效，一股腦栽進去，是不擔心風險嗎？還是不會評估風險？

不管是任何理財雜誌，大部分都是說理財要買基金，為什麼？因為這是一般民眾僅能接觸到又好像可以賺錢的理財工具，現在連公車車體廣告都在叫你買基金，名子一個比一個長、一個聽起來比一個好，感覺好像都會賺錢，但你試問問身邊的朋友，到底有幾個人透過基金賺錢了？

到底什麼是基金？簡單說：「一群想要獲利的投資人拿錢出來，由基金公司管理此筆錢，基金公司委由專業的基金經理人運用其資金投資於適當之標的物，其賺賠的風險則歸投資大眾共同承擔，賠錢時由大眾分攤。」

你正為了比定存高的 5% 獲利而沾沾自喜嗎？

一個朋友李先生，他在多年前就覺得以後的能源一定會越來越少，投資買能源基金準沒錯，能源基金包含石油、瓦斯、天然氣等等，當時的油價一桶只有 70 美金左右，他花了 50 萬購買，後來過了多年，石油等能源大漲，有一次剛好我們吃飯聊到這件事，我問他說：「你之前不是有投資一檔能源基金嗎，現在應該賺的不錯吧？」我問他說。

「別提這件事了！」他一臉無奈的說：「虧了 60%，我已經認賠出場了……」

「虧了 60% ？」我有點驚訝我聽到的是這個答案。

「我也不知道為什麼！反正經理人說沒漲就是沒漲，真是奇怪！當時我買完就遇到石油飆漲，國際油價每桶的價格整整翻了快一倍，但是經理人跟我說賠，那就是賠，我也不知道該說什麼……」

層層宰割，你永遠吃不到肉

去觀察一下你身邊有買基金的朋友吧。你會發現，你很多朋友明明就買了基金，遇到相關的物料上漲，基金反而不升反跌，結果買基金會不會賺錢，變成：「經理人說的算！」

基金這種東西，不是說它不會賺錢，而是掌握權不是在你手上的，你只有聽別人的份！基金簡單來說，就是銀行吃剩的分你賺，經過層層的手續費，基金公司營運成本、人事費用、經理人獎金、銀行手續費等等，就算有賺錢，你的利潤也被拿走了，100% 的利潤可能只剩 5 ～ 6%，結果你還很開心比放在銀行定存高，這樣不是很好笑嗎？

你現在問我，我朋友為什麼會賠錢，說真的，我也不知道，經理人怎麼操作的？我也不知道，你去問經理人怎麼操作基金的，事實上，他也不知道！竟然都沒有人知道，那基金到底是怎麼漲的呢？

買基金是抗通膨，還是推升通膨？

你聽過華爾街嗎？華爾街是金融和投資高度集中的象徵，原本是一條街的名稱，甚至掌控全球經濟的金融特區。而基金就是華爾街找出相關的商品或投資標的物，將它們的股票打包在一起成為一檔基金，交給基金經理人去操作，並且在全世界的銀行做販售，所以你在台灣的銀行或保險公司買的基金，事實上都不是台灣經理人在操作的，而是台灣販售美國華爾街的商品，所以你問經理人到底自己投資的基金是怎麼操作的，他也會跟你講：不知道。

那基金到底怎麼獲利呢？當然是炒作一些一定會賺錢的標的物，像吃的喝的用的，沒錯！就是民生必需品跟原物料，所以這些必需品的成本在國際間不斷的上升，石油、鋼筋、玉米、水泥等一直上漲，而買這些基金的人就成為通貨膨脹的推手。

會買基金的原因，不外乎就是想保本保值，但請你認真的思考一下，基金真的有保障到你的積蓄嗎？銀行經理之所以可以當經理，有可能是因為你們業績貢獻的，結果你認為他的職銜是他的專業保障，就跟他買這麼高佣金的產品，所以更確定了他的經理地位，下一個人又看到他的經理地位，又跟他買…當什麼經理跟專業有時候不是那麼相關的，你真正要學的，是可以幫你把錢保值下來的那一份「知識」吧。

小資世代智富心法

- 基金簡單來說，就是一群想要獲利的投資人拿錢出來，由基金公司的理財專家投資管理此筆金錢，委由專業的基金經理人運用其資金投資於適當之標的物，其賺賠的風險則歸投資大眾共同承擔，賠錢時由大眾分攤。
- 基金不是說它不會賺錢，而是掌握權不是在你手上的，你只有聽別人的份。
- 在台灣的銀行或保險公司買的基金，事實上都不是台灣經理人在操作的，而是台灣販售美國華爾街的商品。

你買的保險是真保險，還是假保險？

誘人的電話保險行銷

「張先生您好，我 XX 銀行保金專員，由於您是我們的優質貴賓客戶，這裡提供一項貴賓獨享福利。目前有個專案，報酬率高達 15% 喔！您可以選擇一期繳 1,000 元、3,000 元、5,000 元都可以，視您的情況而定，二十年到期後，您總共能領回 115 萬元的滿期金，還有增值回饋金的補貼，保本保息，保障期內發生意外，不但會有理賠金且您之後的尾款都不需要再支付了，只有優質貴賓才享有這個專案，一般用戶想買也買不到，您要不要考慮一下？」

優質貴賓真誘人，馬上掉入電話行銷陷阱！我會記得這麼清楚，是因為我在打這篇文章的時候銀行專員剛好打電話來推銷，你是不是也很常接到類似這樣的電話行銷呢？很多人一聽到「您是我們的優質貴賓客戶，只有您才享有這個專案」，馬上就中招了！報酬率 15% 聽起來很誘人，但很多人卻完全搞不清楚這張保單到底保的項目有哪些，只是覺得不買好像很可惜，之後就買不到了，連自己的財力能不能應付都沒算過，最後只好解約認賠，這樣不是很不聰明嗎？

保險有分很多種，意外險、醫療險、壽險等等一大堆，有些人可能花了巨額的保費，結果保障卻還沒有一張保單來的多，這是怎麼回事？保險的功能在於保障，不是說保的多就越保障你的生活，有些保單甚至會強調所謂的「保險又可以存錢」，強調兼顧儲蓄及保障功能，但是保費高、保障低，卻可以幾乎成為台灣保險市場的主流商品，但是你真的適合這種保單嗎？你知道有哪些迷思嗎？還有一點你可能完全不知道，**保險公司根本沒有一種險叫做儲蓄險！**

保險兼儲蓄，你到底保多少存多少？

所謂的儲蓄險，其實是壽險的變形，因為台灣人就是喜歡「便宜又大碗」，最好是一份保單兼具醫療、意外、儲蓄等等的功能，所以保險公司才會推出這種產品，並且，業務員又會告訴你「這張保單的投資報酬率比銀行定存還好耶！」結果就是，現在儲蓄險竟然變成最受消費者青睞的商品。

雖然儲蓄險的利率比定存高，但儲蓄險初期繳交的金額，其實只有少部分在儲蓄，大部分在保障，只是你可以拿儲蓄的錢去投資基金，但對於經濟能力不夠的人，這反而是一種危險產品，最後可能保障沒保到，儲蓄的錢也血本無歸，下頁的案例大家可以參考一下。

EXAMPLE

案例：保險儲蓄兩不顧，賠了夫人又折兵

阿寶是工作一段時間的小資女孩，為了能夠更有效的保存辛苦賺來的錢，請教了在保險公司作業務的朋友小玉，購買了「六年期增額型壽險」，每個月繳 3,000 元。過了兩年，因為自己不小心出了車禍，必須住院，剛好想到自己有規劃這張保險，應該可以多少補助一點醫藥費。

「小玉啊，我那時保的保險，可以理賠多少？」阿寶問道。小玉說：「阿寶，你這張儲蓄險未包含醫療險，無法申請任何理賠。」

「那怎麼辦？」阿寶很驚慌的說：「我現在住院沒辦法工作，保費也繳不太出來！」「沒關係，你可以申請減額繳清，既不影響你儲蓄險的功能，又可以繼續持有這張保單。」小玉馬上對阿寶說。

此時，阿寶馬上申請減額繳清，保障雖然變少了，但至少不會違約。但是又過了一年，由於家裡母親生病急需一筆開支，身為長女的阿寶得擔負起這個責任，於是她又找上了小玉跟她說「小玉，我急需一筆錢，我想要把保單解掉。」

「你現在解掉不划算耶！不然這樣好了，你可以用保單質借，這樣你馬上就可以有一筆資金作運用，而且你的保單效力依然在。」小玉對阿寶說。

在沒有辦法的情況下，阿寶聽信了小玉的建議，原本的儲蓄，變成每個月還要繳貸款利息給保險公司。又過了半年，阿寶要結婚了，想要解掉保單拿回本金作為結婚基金，結果沒想到，解約拿回來的本金竟然只有當初繳費總額的一半而已……

你是不是經常聽聞類似的案例。儲蓄險保單「保費高，保障低」，不適合財力不足的年輕人用來作為投資的工具，並且，用投資的心態來買儲蓄險，弊多於利。請不要貪心地認為，儲蓄與保障是真的可以「魚與熊掌都能得兼」的，想要兩樣通吃，最後就是兩邊都討不到好處。

投資儲蓄險，頂多只能儲蓄但沒辦法幫你致富

如果你買投資型保單，是為了想要致富，那我必須跟你講：「千萬不要拿保單來投資！」

EXAMPLE

案例：獲得財富的是保險業務員而不是你

某天下午，我剛好跟一位從事保險業務的朋友吃飯他跟我說：「我的主任跟我說，就是因為我不理財，才不理我，所以我現在才這麼窮，我一定要開始認真理財！」

「真的是這樣嗎？」我說。

「對啊！我的主任說，如果有買保險，你可以在空閒時，享受悠閒的午後時光，每年出國渡假兩次，老了可以跟你的伴侶肩靠肩一起看夕陽，跟家人一同享受天倫之樂，這有多麼的美好啊！」他非常開心的跟我說。

我看著他癡癡的望著窗外，我問他：「那我問你，你的保戶，有任何一個得到這樣的美好未來嗎？」他一臉無奈的說：「沒有啊！我也覺得很奇怪，倒是我的主任生活過的還不錯，聽說他下個月要買 BMW 了，真令人羨慕……」

保險業務員才是受益者

你必須認清一個事實，能夠真正透過保單來致富的，是那些「保險業務員」，而不是你，那些保單，頂多只能成為你生活出意外的保障而已。以現在儲蓄險的利率，雖然可能比定存高，但跟基金一樣，經過業務員抽佣、手續費、匯率等等的層層剝皮，實際上真的有比較保值嗎？那可不一定喔。

如果連最基本的「通貨膨脹」都沒辦法超越，那就更別提保值了，甚至是「貶值」。以 100 元、利息 2% 的複利來算的話，20 年後可以領回 152 元，也就是說，可以多領的金額為 52 元，那你可以算算看，你的保單期滿領回的錢有沒有超過 52% ？

以現在通貨膨脹不只 2 ～ 3% 的時代來計算，你的 152 元的「實際購買力」在 20 年後絕對不到 100 元，那你還把錢拿去買保單幹嘛？

請去找超過通貨膨脹的標的物來投資吧！

小資世代智富心法

- 保險的功能在於保障，不是說保的多就越保護你的生活與健康，你要挑對你的需求來保險。
- 儲蓄險的利率比定存高，但儲蓄險初期繳交的金額，其實只有少部分在儲蓄，大部分在保障，只是你可以拿儲蓄的錢去投資基金，但對於經濟能力不夠的人，這反而是一種危險產品。
- 有些保單甚至會強調所謂的「保險又可以存錢」，強調兼顧儲蓄及保障功能，但是魚與熊掌是不能兼得的，所以千萬不要拿保單來投資！

看懂政府與銀行的遊戲規則

置身無法逃離的賭局

「2008 年註定是不平凡的一年，對於全球金融市場來說也是多事之秋。911 事件七週年後的這一週，成為了華爾街歷史上最驚心動魄的一週。2008/9/15，美國第四大投資銀行——雷曼兄弟根據破產法第 11 款條例進入破產保護程序，意味著這家具有 158 年歷史的投資銀行走進了歷史。雷曼兄弟成長史是美國近代金融史的一部縮影，其破產是世界金融史上一個極具指標意義的事件。」

2007 年發生了轟動全球的事件：金融海嘯。當時的我才剛念大學，其實不太懂這件事對這個世界的影響，美國房貸泡沫化、連動債、次級房貸，就好像跟我一點關係都沒有。2012 年 9 月，美國 QE（貨幣寬鬆政策，簡單來說就是政府合法印鈔票）來到第三階段；日本央行宣布開始實施無限期 QE 政策（開大絕：也就是印鈔票金額無上限、時間無限期）；台灣政府又是怎麼做的呢？我相信新聞都有報你應該看到了。

政府本來就是賭場最大的莊家，而且不斷的在進行「龐式騙局」（也就是如同老鼠會的非法集資），無論是勞保、健保、還是其它社會福利。在我的好友林育詩的《金融大騙局》有提到：「政治充其量不過只是一場利益與資源分配的角力遊戲，雖然支配權力的人，最初可能是出自於善意，但權力終究會對人產生致命的吸引力，終將改頭換面，所謂『換了位置就換了腦袋』」。當然，我們沒有辦法跟政府或銀行對抗，我們能做的，就是了解遊戲規則，然後想辦法存活下去。

這就跟去賭場賭博一樣，我們不可能成為莊家，但是政府又強迫你上牌桌賭博，你沒有選擇的權力，這時除非你了解遊戲規則，不然你鐵定會成為那個刀下的冤魂。電影《賭王之王》裡麥特戴蒙（Matt Damon）有一句經典台詞：「當你坐上賭桌十分鐘後，如果還分不清誰是凱子，那你就是那個凱子。」

銀行的錢從哪裡來？

政府不斷的印鈔票，是為了讓執政者不在自己的任內把他的政見搞砸（也就是不讓上述騙局的泡泡吹破），那銀行當然也要有它的方法來賺錢，而這個賺錢的方法就是：放貸。基本上，銀行只要借出去的錢收的利息比要發放的存款利息多很多，就沒有問題了。

有一段時間，在金融風暴剛過的時期，民眾因為嘗到了苦頭、賠了很多錢，所以完全不敢投資理財，賺來的錢都放銀行，導致銀行錢太多，都沒有辦法把錢借出去，所以銀行跟政府不斷透過各種優惠利率及方案，鼓勵民眾借錢或買房，因為如果錢再不放出去，銀行就會倒，但是在台灣政府是不准銀行倒的，真是神奇。一般來說，銀行每天下班前都要跟央行對帳，確保戶頭的錢是足夠的，那多少錢放在銀行才是央行核准的呢？有一個專有名詞稱叫做存款準備率（Reserve requirement）。

存款準備率指的是商業銀行的初級存款中不能用於放貸的部分的比例。為了保障存款人的利益，銀行機構不能將吸納的存款全部用於發放貸款，必須保留一定的資金，繳存在中央銀行，以備客戶提款的需要，這部分的存款就叫做存款準備金。而存款準備金與存款總額的比例，就是存款準備率。比方說，如果央行要求準備金率是 20%，該銀行可以把餘下 80%銀行存款拿來放款。如果央行突然把存款準備金率提高至 60%，銀行則只餘 40%可向外放款。在這情況下，銀行為保障利潤，可能要提高放款利率，或者減低給存款客戶的利息，反之亦然。台灣目前銀行存款準備率是 5%左右。

假如銀行今天放貸 100 億出去，那銀行今天要跟央行報備存多少錢？ 5 億。所以這時銀行會將 5 億放在金庫裡，拿剩下的 95 億出去借款給借款人，以平均利息 5%來算，銀行約可以收到 4 億多的利息錢，然後扣掉定存戶、活存戶、以及其他一些金融性商品的獲利發放，可能還剩 2 億，這就是今年銀行的年度獲利。聽起來好像是這樣子沒錯，但卻是「大錯特錯了」。

我相信 80%的人都相信銀行借人民的錢，是銀行拿一般民眾的存款去放貸，但是政府現在會使用 QE 的大絕招，似乎民眾還沒有感覺到這一點。再者，如果今天銀行總共收了 100 億，它並不會把 5 億放在金庫裡面給央行檢查然後拿 95 億去放款，而是拿 100 億放在金庫裡給央行檢查，那 100 億是多少錢的 5%？ 2000 億。所以銀行是拿 2000 億去放款，那麼獲利會有多麼驚人，應該就不用我再多說了吧！

知己知彼，百戰百勝

事實上，銀行敢這樣做風險是不是很大，如果大家都去銀行提錢不夠領那不就「出包」了嗎？沒錯，所以當國家發生動盪銀行遭人民擠兌的時候，才會有提不出錢的事情發生。

但是在一般政局沒有不穩的情況下，你平常會去領多少錢放在家裡呢？

讓我們試著想像一個畫面：你每天早上出門上班，搭捷運嗶悠遊信用卡；到公司前先去小七買了杯咖啡跟飯糰，一樣用悠遊信用卡付費；然後中午跟同事到餐廳吃飯，結帳用刷卡；下班的時候決定要買個玩具跟禮物給老婆，到百貨公司刷信卡消費；到了月底要付卡費、電話費、瓦斯水電費等等，全部申請信用卡自動轉帳扣繳。買鑽戒求婚，刷信用卡；買車子付頭期款，刷信用卡，剩下申請車貸；買房子申請信貸加戶頭多年存下來的本金付頭期款，剩下申請房貸。請問，你到底什麼時候看到你的錢了。每個月薪資自動撥到你的戶頭，繳費到期自動從戶頭扣款，我們生活上一切需要的支出，有大部分的錢都沒有出現在你我的眼前，這些錢全都只是在你的存則「帳面上」的跳動，只是銀行 KEY 了個數字，就讓你開心或難過。

所以，不要太在意帳面上的數字了，一切都是虛假的，但是銀行的規則一定要懂，因為不管我們在哪裡做生意或生活，都一定會用到銀行的錢，既然要用，那就要知道如何可以把效果發揮到最佳化。

國際金融之父梅耶．羅斯切爾德說過：「給我一國的貨幣發行權，我不在乎誰制定法律。」**如果你想要賺大錢，你一定要了解錢，要了解錢就先要了解銀行。一個人如果能掌握銀行的脈絡，等於站在巨人的肩膀上前進。**

小資世代智富心法

- 政府本來就是賭場最大的莊家，而且不斷的在進行龐式騙局，無論是勞保、健保、還是其它社會福利。
- 我們沒有辦法跟政府或銀行對抗，我們能做的，就是了解遊戲規則，然後想辦法存活下去。
- 每個月薪資自動撥到你的戶頭，繳費到期自動從戶頭扣款，這些錢全都只是在你的存則「帳面上」的跳動，只是銀行 KEY 了個數字，所以不要太在意帳面上的數字，一切都是虛假的。

3-6

不只站在巨人肩上，更要跟巨人借力

貨幣的起源

在原始社會，人們使用以物易物的方式，交換自己所需要的物資。但是有時候受到用於交換的物資種類的限制，不得不尋找一種能夠為交換雙方都能夠接受的物品。而貨幣就是現行文明社會為了交換物質所運用的一個偉大的發明。

最初的紙幣是以黃金為基礎的，黃金可以自由兌換，兩者可以同時流通，但紙幣的發行量比較少。到 19 世紀末，資本主義經濟出現速度空前的膨脹與發展，於是紙幣逐漸成為主要的流通貨幣，但是它們仍然有黃金作為發行的保障。這種貨幣制度稱為「金本位」。

別把銀行當成敵人

「古有錢莊，現有銀行」，要跟銀行借力，你就必須先了解銀行對於金錢的概念。銀行並不是慈善團體，如果你是做事業並且為負責人的話，你的目標就只有一件事：幫公司賺錢，所以銀行也是一樣。銀行是營利單位不是慈善團體，開銀行就是為了要賺錢，錢就是要在銀行能夠流通，濟經才會繁榮，所以如果要跟銀行借力的話，你就要成為能幫銀行賺錢的人。

那銀行到底賺的是什麼？當然是利息囉！在保護本金的前提下，穩定的賺利息，這才是銀行放款的目的，可是很多人連這個道理都不懂。放款的前提就是要能將錢收的回來，所以你會發現，收入越穩定的人，銀行越愛借錢給他，像是軍公教，另外就是大品牌的保證，像是 500 大企業的員工，只要是在風險評估範圍內，銀行越愛借錢給他，然後對於這兩類被評估為「還款能力」穩定的人，利率就越好談也越低。

從這邊我們就可以知道銀行借錢的標準了：「收入穩定」且「還款能力好」這兩個條件的人，所以，你只要想辦法滿足其中一個條件，那要跟銀行借力就相對容易的多。

如何成為銀行眼中的好咖？

一般最簡單的方式，就是養信用，而對銀行養信用的方式，就是「辦它們家的信用卡並且常刷它」，所以，千萬不要說什麼「信用卡是萬惡根源」這種鬼話，這完全是你個人自制力的問題。請試著想想，如果你是某銀行貸款部的承辦專員，你是願意貸給有經常跟你們家銀行往來的客戶，還是一位名不見經傳的人？答案應該很明顯了。

所以，信用卡不用多，兩三張就可以了，但就是要「常刷」並且正常還款，並不是要你繳「最低金額」而已，而是要你一次把帳單付清，因為你連一次付清你一個月的消費都做不到，那你在銀行眼中就是「非常沒有自我約束能力的人」，如果你是連這種最簡單的消費性行為都沒有辦法自己掌握控制的人，那你要怎麼奢望銀行會願意借錢給你、相信你是能夠準時還款利息的人呢？

有些銀行的信用貸款專案，會有針對「本行信用卡卡友」的優惠專案，只看你刷卡紀錄，不看你的薪資轉帳，所以不管你是自營商、負責人、Soho 族、或是失業的人，這些銀行都不在乎，它只在乎我前面所提到的貸款重點之一：你的還款能力。如果你是能每個月刷 5 萬元又每個月一次繳清 5 萬元的人，並且連續一年都這樣，這個就是你在銀行眼中有很好還款能力的財力證明。

平時常燒香，就不怕臨時抱佛腳

有些人則會說：「我平常沒有什麼消費性行為，也沒有什麼地方可以讓我刷到卡，怎麼辦？我該怎麼累積我的刷卡紀錄？」最簡單的方式，就是辦「悠遊信用卡」，現在大多數的銀行，都可以辦這種卡別，舉凡便利商店、搭捷運公車、看電影、坐火車客運、加油等等，已經有太多地方可以使用悠遊卡服務了，雖然刷卡金額只占了銀行判斷因素的一部份，但從小的地方開始累積，也是很好的一種方式，重點是你開始了沒？你持卡幾年了？你有沒有正常還款？

人其實是一種很奇怪的動物，當你有錢的時候，就覺得沒必要欠銀行錢給銀行賺利息，而如果拿這筆錢去創業，當遇到要週轉的時候，這時才會去找銀行幫忙，但那時的你已經沒有「財力證明」來讓銀行借你錢了，這不是很奇怪嗎？

人們都說：「預防勝於治療」，每個人也都知道這個道理，但大家真的有定期去做健康檢查嗎？還是等到得病的時候，才去醫院看病，最後可能已經為時已晚或得付出龐大的代價。

如何才能跟銀行借到力

接著我們來談談「個人職業因素的狀況」，如果你是個自營商、負責人、Soho 族，你有什麼辦法，可以增加你去跟銀行借力的可能呢？這好像是很多人的心聲，但是，你聽明白上面這段對話的關鍵點在哪裡嗎？對於銀行而言，你所必須擁有的最低貸款門檻，基本上就是「薪資轉帳」。雖然你是一個Soho 族，你不是一個受到公司聘雇的員工，你是收入不穩定戶，但是，你只要製造出你是有固定收入的假象，那在銀行眼中，你一樣是可以放貸的客戶。

EXAMPLE

案例：財力證明的重要性

我們有一位學員，他因為想要裝潢老家，所以決定跟銀行帶一筆信貸當作裝潢費，但是他怎麼貸就是貸不下來，於是我問他：「銀行都問了你些什麼問題？」

他回答說：「銀行問我有沒有薪轉？我是做 Soho 接案的，都是 case by case，所以都是領現的。」我又問他：「那除了薪水的部分，銀行還有問你什麼？」

「問我有沒有信用卡，我就跟它講：沒有。」他如實回答。我接著說：「它應該還有問你別的吧？」

他就一臉無奈的回答：「它就還有問我有沒有做什麼投資理財？我就都沒有阿，都只把錢放在銀行裡，怎麼要貸個款這麼難貸！」

儲蓄能力也是財力證明！

假如你是一個 Soho 族，你可以「固定」在每個月的某一天，將你接案的收入臨櫃存到你的戶頭裡，連續三個月，這一樣可以當作你的「財力證明」，並且，你要讓你的存款戶頭的錢逐步的增加，這樣對於銀行而言，你是一個有「儲蓄能力」的人。

前面有強調過，銀行要的是什麼：「利息。」所以你只要在銀行眼中認定是有「還款能力」的人，那銀行就會願意放貸給你。甚至，你可以直接問銀行專員，還有哪些條件，可以增加我貸款的額度跟降低利率？他可能會跟你說：「像你銀行所有戶頭的現金有多少？上次所有有存款的戶頭利息領多少？你有沒有基金、儲蓄險、黃金存摺？你有房子在出租嗎……」

基本上，銀行的行員也會缺業績，他會比你更想要把錢借給你，所以，他會想任何能夠幫助你把錢貸下來的方法，因為只要你貸款成功，他們專員就有業績可以抽佣，所以專員會比你更清楚哪些還可以做為你財力的佐證。

信貸的運用與迷思

一般人總認為，信用貸款是不是找「薪轉銀行」貸最好？當然不是！銀行在認定上面，分為兩種：官股銀行還是非官股銀行。所謂的官股銀行就是：「只要是由政府機構持有公司發行的股票股份，就稱為『官股』」，當然持股比例也有分多跟少，基本上像是臺灣銀行、土地銀行、合作金庫、華南銀行、彰化銀行這些都是所謂的「官股銀行」。

而通常官股銀行都是大銀行，言下之意就是：業績很多，所以對銀行而言，它根本不缺你這筆業績，如果你的條件沒有很優的話，基本上貸款的狀況與條件通常不會太好。所以，這時候你可以找稍微小一點的銀行，這些銀行的貸款條件通常比較好，甚至你也可以找地方性銀行或信用合作社，這種銀行通常「小而美」，有可能你是它少數的客戶，反而可以談到一個比較優惠的條件。

總而言之，做任何事情，你都得必須知道別人的需求是什麼，有些需求可能並不是表面上看的到的，你必須設身處地的去研究，只要你能滿足需求方的條件，我相信很多事情都能迎刃而解的。

小資世代智富心法

- 銀行並不是慈善團體，如果你是做事業並且為負責人的話，你的目標就只有一件事：幫公司賺錢。
- 「收入穩定」且「還款能力好」這兩個條件的人，是相對跟銀行好借錢的條件。
- 成為銀行眼中的好咖最簡單的方式就是養信用，而對銀行養信用的方式，就是「辦它們家的信用卡並且常刷它」。
- 通常官股銀行的業績都很多，所以對銀行而言，它根本不缺你這筆業績，如果你的條件沒有很優的話，基本上貸款的狀況與條件通常不會太好。

3-7

大買賣 V.S. 小生意

菜籃族阿桑的生意經

「我長大後要做大老闆、開公司、賺大錢！」這句話應該是很多人小時候的夢想。夢想，總是令人花時間跟心力去追隨的，但長大以後，卻發現有些夢想還真的有點遙不可及。但如果你願意試著轉換一個思考的角度，那同樣的情況，答案可能會很不一樣。

小王是一個事業有成的企業家，雖然只有 32 歲，但年紀輕輕靠自己白手起家，已經累積了上千萬的財富。有一天，在另一個也是事業有成朋友的餐會上，他遇到了一個菜籃族的阿桑，年紀大概大他一輪，那阿桑看起來就像是個普通的家庭主婦，但聽朋友說她身價過億，基於好奇且有錢人都喜歡跟別人交往互動，所以小王就主動上前去自我介紹。

「阿姨您好，我是小王，想請教您是做什麼的？」小王問到。「沒有啊！就每天在家裡閒閒沒事做，偶爾出來串串門子認識大家。」阿姨好整以暇的說。小王此時非常驚訝，雖然他自己已經是個成功的企業家，但每天早九晚十，非常辛苦！他很好奇這個阿桑是怎麼做到的？於是就繼續追問：「阿姨你都不用親力親為嗎？」

這時候阿姨說到：「年輕人，你一定凡事都抓得緊緊的齁！我跟你說，錢不要怕別人賺，如果你能幫別人賺到錢，別人一定也可以幫你賺到錢。」阿姨接著又說：「像你，你可能有 10 個事業，每個你都賺 7 分，總共賺 70 分，沒錯！你是賺很多，但你賺的很辛苦。像阿姨我，阿姨有 100 個事業，但我每個都只賺 3 分，7 分給別人賺，雖然我單一賺的少，但我總共賺 300 分，而且賺的非常的輕鬆！

你想要自己賺 7 分嗎？太辛苦了！如果你敢「給」，你將會賺的多又分散風險。

一個 100 萬≠一百個 1 萬

很多人在經營事業的時候，總會想自己的公司越大越好，最好是一個月賺 100 萬，但要達到這樣的成績，是很不容易的，而且隱藏了很大的風險。如果你真的有一個事業一個月可以幫你賺 100 萬，你一定會抓得緊緊的，因為你會怕，萬一這個事業不順利垮掉了，你的心血將會功虧一簣！

一個 100 萬跟一百個 1 萬有什麼不同？風險不同！要賺一個 100 萬不容易，而且風險很大；而要賺一百個 1 萬卻是相對簡單的。你可以建立很多小事業，慢慢的累積，等事業穩定下來，你只要再繼續「複製」就可以了。一個事業幫你賺 1 萬，100 個事業一樣幫你賺 100 萬，而且當你有些事業遇到狀況的時候，你一樣可以有穩定的現金流產生。

打造多元收入，建造自己的財務管路

什麼是「財務管路」？當你打開水龍頭的時候，是不是會有水不斷的流出來？財務管路也是一樣，就像是一條財務水管，只要你建造好了以後，就會有錢不斷的流進來，只要你擁有夠多的財務水管，你就不必擔心哪天有一條水管堵住沒水的時候，你的收入也會停止下來。

EXAMPLE

案例：月收 30 萬的賣水果阿姨

在某一天下午，我剛好在路上逛街，由於嘴饞的關係，我跑去路邊攤找一個年輕妹妹買水果。「妹妹，一包番茄夾梅子」我説道。

「好的，請等一下喔，您的 50 元。」當我付完錢以後，看到攤子後面有一個阿姨，就問她説：「阿姨，現在好賺嗎？會不會很辛苦啊？」阿姨説：「還可以啦！我以前自己賣，現在都找年輕妹妹賣，她們比我厲害多了！我現在只負責管理而已。」聽到這邊，讓我覺得很奇怪，既然阿姨説要管理，那她應該還有其他攤囉？於是我又接著問：「阿姨，你在其他地方還有擺喔？」

「嘿阿！」阿姨接著繼續説：「全台北有八、九個夜市有我的攤子，加減賺啦！一個月一攤大概賺個 3、4 萬，現在生意比較不好做了！以前可以賺更多……」

後來我又跟阿姨聊了一下，發現她只有小學畢業，但是她一個月可以賺 30 萬。所以，請不要瞧不起小生意！在夜市擺攤賣水果不好嗎？很丟臉嗎？當它一個月可以幫你賺 30 萬甚至更多的時候，你還會嫌棄它嗎？小生意歸小生意，當你只要擁有更多的小生意，它的業績可不一定會輸給大公司！所以，請你記得，你一定要想辦法打造越多的財務管路！

所謂的「達人店」，就是生意很好人爆滿要排隊預約的這種，這一類的店面就像是大公司大企業一樣，他們有很高的營業額跟利潤，但相對的，它就是只有這「唯一」的一家，如果這家店不在了，那收入也全沒了。另外這種達人店，是很難被複製的！因為這種店的成功，除了「運氣」之外，可能核心的人物就只有這麼一個，就像鴻海要再創造一家鴻海，是很困難的，因為鴻海只有一個「郭台銘」。所以，通常這種很有名的店，也都沒什麼分店，不然就是親戚自己又出來開了一家，因為這種店是很難再創的。

所以，千萬不要奢望你自己一做事業就要做多大，小事業不一定不好，它一樣可以幫你帶來穩定的現金流，只要你初期建立好，再慢慢的擴大，你也能夠獲得到一樣多的財富。但是，你如果有這種達人店，就請你把它顧好，不要再去奢望複製出另一家新的店面。

小資世代智富心法

- 一個 100 萬跟一百個 1 萬有什麼不同？風險不同。
- 要賺一個 100 萬不容易，而且風險很大；而要賺一百個 1 萬卻是相對簡單的，你可以建立很多小事業，慢慢的累積，等事業穩定下來，你只要再繼續「複製」就可以了。
- 達人店是很難被複製的！因為這種店的成功，除了「運氣」之外，可能核心的人物就只有這麼一個，就像鴻海要再創造一家鴻海，是很困難的，因為鴻海只有一個「郭台銘」。

戰勝窮忙人生的自我課題

明天

- 檢視自己的財務狀況，列出你目前的投資理財項目，看看哪些是不合邏輯、自己完全無法掌握的。
- 開始累積你的信用，將水電、手機費等支出轉為信用卡自動付款，辦一張悠遊信用卡，透過持續消費來累積你的刷卡紀錄。
- 找出近幾年創業、投資理財等財商暢銷書（非技術派），去書局閱讀或買回來看，開始累積自己的財務智商。

下週

- 找一家銀行拉你的聯徵，看看你目前在銀行眼中的財務狀況跟還款條件為何。試著去問自己目前信用貸款可以辦理的額度，了解自己的底線。
- 找一些商業的論壇或討論區來閱讀，訂閱五個能累積自己這些知識的BLOG或電子報，持續閱讀並追蹤這些作者的文章。

下個月

- 上網查詢最近有哪些關於商業書局的讀書會或活動，一個月至少參與一場以上，多跟別人互動討論參與活動的主題。
- 為自己設立一個「教育基金」，每個月從薪資裡撥一筆預算放進去，利用這筆基金投資自己的腦袋，不管是在買書或去參加外面辦的課程，透過課程去結識人脈並提升自己的水平。

CHAPTER4

房地產篇

從無到有、從一到七的房產之路

誰都想買房子，
也許是想擁有一個家，也許是想要投資，
但是望著節節攀升，居高不下的房價，
每當看到房仲業，落地窗上張貼的廣告，
是否也曾疑惑過，到底是誰買得起房子，
其實只要知道訣竅，買房也可以不必這麼辛苦。

出手就是開始

將創業模式套入房地產投資

有了上次的滷味合夥經驗，對於「合作」我將更為謹慎但也更有信心，相信這樣模式是可行的，除了合夥創業以外，還有什麼事業是可以一起合作的呢？答案就是房地產。所以，我開始運用相同模式在房地產界發展，雖然年紀輕輕沒有什麼資金，但依樣畫葫蘆透過合作的方式來購置房地產。短短兩年期間，我就成為七間房子的共同持有人，每個月領取數千元的租金分紅，並且透過房地產賺到人生的第一桶金。

那我到底是怎麼開始的？在 2011 年年初，當時還沒有奢侈稅跟實價登入這兩項政策，房地產當時還是不斷的飆漲，而我的合夥人本來就有在投資房地產，而當時的我才剛大學畢業不久，沒有什麼資金，但是我也想投資房地產、嘗嘗當包租公的感覺，於是我就跟合夥人講這件事，他就說：「好吧，既然你這麼想要踏入這個產業的話，我幫你一把，讓你一起參股投資。」

在這次意外獲得的機會下，我參與了一間在新北市的房子投資，知道我合夥的金額有多少嗎？ 4 萬元。

你沒有看錯！就是 4 萬元。而且其中裡面的 1 萬元，還是我跟朋友借的，因為我真的沒有錢，我就是這麼坎坷開始的。而這間房子，之後的每個月為我創造了「300 元」的租金分紅。如果有一天，你有一位朋友跟你說：「ㄟ～我跟你說，我投資房地產，一個月分紅 300 元喔！」，你聽完以後，會有什麼感覺？應該會當場笑死吧！而且，我每個月還要拿 75 元給我的朋友（四分之一的租金收入分紅），就這樣持續了一年多，很有趣吧！但是這間的租金報酬率，可是高達有 9% 之多。然而，到了現在那間房屋購置已經兩年了，經過銀行重新鑑價，房價漲了 15%，也就是說，我的 40,000 元現在變成 46,000 元，要是換做是你，你會開心嗎？我一點都開心不起來。

「我投資房地產一年賺 6,000 元。」

這種話我還真是講不出口！如果我當時拼死拼活湊個 40 萬來投資，我想我現在應該會非常開心，但這一些現在都已經不重要了。對我來說，這就是個成長的過程。

> **ⓘ「我嚐到了當『包租公收租』的滋味。」**
> **ⓘ「我享受到了每個月有『被動收入』的感覺。」**
> **ⓘ「我感覺到我離富爸爸所說的『財務自由』又邁進了一步。」**

這些小小的成功或是里程碑，對於一個初出茅廬的人，都是非常重要的。這會讓在做的人更有動力去執行且完成目標。這就很像在經營網拍，然後第一次有人在他的賣場跟他下標一樣，這在事業上是非常有意義的。

有一就有二

在第一間房地產投資嘗到小小甜頭後，我馬上開始著手想要投資第二間，所以，我開始積極的看物件。當時，我只有 23 歲，一個這樣的年輕人去房屋仲介店看房子，會發生什麼情形應該不難想像吧！

去看房子之前一定要先做足功課，應該要說什麼，自住還是投資、想買幾房幾廳、電梯還是公寓、附近要不要有捷運、走路幾分鐘等等，你一定會先有一個你設定好的標準，接著，就是實戰經驗了。

還記得有一次，我們是在捷運南勢角那邊找物件，當時我跟年紀差不多的朋友一起去，結果我們一走進仲介店，買上就被打槍，其中一個仲介還問我：「同學，你們是來做報告的嗎？」讓我整個無言。仲介會看你的談吐、穿著、整體的氣質，大概就知道你是真買房還假買房了，你一定要讓仲介聽起來有「感覺」，讓他認為你真的是有需求，這樣他才會把你當做好咖。

當時我至今累積看過的房子也近百間了，但到現在也還沒看到一間可以買的物件。挑物件沒有你想像的那麼容易，畢竟是幾百萬起跳的金額，你當然要謹慎一點。雖然到現在都還沒有真正看到可以投資的物件，但看著看著講話也越來越有感覺。我曾經去看過台北市仁愛路上的豪宅，一坪單價高達 144 萬、總價兩億多，那為什麼大安區的仲介會帶我們去看呢？因為我讓業務員有「感覺」了。不瞞你說，我們原本還有機會要去看台灣的指標性豪宅：帝寶，但最後先被別人買走了，有點遺憾。

用別人財富創造自己的財富

我在第三間投資的房地產，終於到了比較大額的投資額：100 萬，大家總會問，你一個畢業沒多久的年輕人，哪來得 100 萬來投資呢？這時候，就要發揮「借力槓桿」的技巧了。

所謂借力、使力、少費力，如果你能夠借用別人的財富來創造自己的財富的話，那何不這樣做呢？大家都知道買賣股票或做生意要怎麼賺錢，就是「低買高賣」，所以做房地產也是一樣，你只要能夠借到「低利率」的錢放到「比低利率高的投資報酬率」標的物上，那你就賺錢了。

雖然大家都說不要借錢來做投資，但房地產是個極穩固獲利的產品，光賺「通貨膨脹推升的房價」，基本上就是穩賺不賠的。所以記住，既然是要賺通貨膨脹推升的房價，就一定要買在「會漲的地方」，什麼叫會漲的地方？就是有人住、有大量工作需求、有大量租屋需求的地方。

而我的第一桶房地產投資基金，是「搬」出來的，跟銀行搬〔信用貸款〕、跟親朋好友搬，而且跟親朋好友搬的好處是，「借款無上限，利率無下限」。你可能會說：我沒有什麼有錢的親戚，他們也都不願意借我錢。但，親戚是有限的，親戚的親戚是無限的；朋友是有限的，朋友的朋友是無限的。難道我的親戚朋友真的都相信我願意借我錢嗎？當然沒有！這個就跟你平常怎麼與這些人相處有很大的關係，如果你是個做人有誠信、守信的人，我相信在經濟能力許可下，多少都會有人願意幫助你，不管是三萬元、五萬元、十萬元，這些錢雖然都是小錢，但集合起來也是一筆為數可觀的金額。

在自己所能掌握的範圍內去承擔風險

看到這裡，你可能又會說：這樣子做風險好像很大，而且壓力也很大。當然，你如果想要獲得比別人更豐厚的收入，你當然必須承擔比別人多的壓力跟風險，所以要怎麼做，端看你的個性。基本上，如果你是真的有在親力親為運作操做投資的人，我相信你的風險跟壓力絕對會比那些都交由理專或經理人操作的人來的小，因為，你在做「自己可以掌握決定權的事。」

於是，我的房地產投資人生就從這樣開始。從第一間四萬元、第二間也少少的錢一直到第三間這個高金額的投資，總共就歷經了一年半，光第二間到第三間就占了一年多的時間。做任何事業，從０～１永遠是最辛苦且最困難的部分，但這就是基礎，根必須要紮得深，以後做任何事情成功的機率才會越大。

你絕對要記住且相信幾句話：「雖然努力不一定會成功，但每個成功的人都一定經過相當大的努力！」、「賺錢是沒有捷徑的。」，所以不要再相信投機取巧、躺著在家用網路工作賺錢、買樂透等等會致富這種話。

一般人無法踏入房地產的門檻，其中最大的原因就是錢不夠，因為房價過高，所以只能投資基金、股票、黃金存摺、儲蓄險等等，但只要透過『合作合資』就可以解決錢不夠的問題，購買要投資的房地產，將此地產承租出收取租金來繳房貸利息，並且透過時間來讓房地產增值獲取最大利益，這就是目前最不具風險的方法之一。你是否準備好一窺房地產的入門手冊了呢？

小資世代智富心法

- 想辦法踏出第一步，第一步是最重要的，只要你開始踏入房地產的產業，你就會有「感覺」。
- 當你去看房子的時候，仲介會根據你的談吐、穿著、整體的氣質來判斷你是否真的有需求，所以你一定要讓仲介聽起來有「感覺」，讓他認為你真的是有要買房，他才會把你當做好咖。
- 做房地產，只要你能借到「低利率」的錢放到「比低利率高的投資報酬率」標的物上，那你就賺錢了。
- 有人住、有大量工作需求、有大量租屋需求的地方就是會漲的地方。
- 一般人無法踏入房地產的門檻，其中最大的原因就是錢不夠，但只要透過『合作合資』就可以解決錢不夠的問題。

媒體亂象讓房市價格霧裡看花

房地產高價不是現在進行式

「媒體不斷的報導，台北市區房子貴得嚇人，購屋者要進入台北市的門檻很高，因此越多人選擇移民至購屋壓力較小的新北市、基隆及桃園地區居住。30 歲的年輕人已經工作 7、8 年，小有積蓄，月領 3 萬元，付房租已經很吃力，根本不敢想買房，沒有富爸爸的年輕人，只能望台北房興嘆。但是，這真的全是政府的錯嗎？

前幾天，我跟一位大約 50 多歲的前輩聊天，這位前輩也是公司相當高階的主管。

「前輩，現在景氣這麼不好，新聞不斷說年輕人買不起房子，你有什麼看法嗎？」我問道。

「其實，媒體沒有說錯，年輕人本來就買不起房，這是應該的。」他看著我說。聽到前輩這樣講，其實我滿詫異的，感覺好像是理所當然，並不是景氣好不好的問題，於是我又問：「可是現在經濟環境那麼差，應該多少有些影響吧！」

前輩看著我搖搖頭說：「你知道嗎？在我那個年代，景氣正好的時候，你知道我所有同學裡面，真的是靠自己存錢買房，最早的是幾歲嗎？是33歲！那你知道我是幾歲買房的嗎？40 歲！而且一樣是從新北市開始，再慢慢換屋到台北市。」

前輩接著又說：「現在年輕人買不起房子本來就很正常，是媒體的過渡渲染，導致年輕人的錯誤觀念，好像一定要 30

歲就要有能力買房，這本來就是沒那麼容易的，就算在我那時景氣好也一樣。」

不管什麼時候，買房子本來就不是一件容易的事！對你而言真正重要的，是你怎麼看待現在的政府政策跟想因應之道，而不是把焦點放在問題上。

奢侈稅是打趴中產階級翻身，而不是阻止有錢人更有錢

當年剛宣布 101 年 6 月要執行奢侈稅的時候，我相信相當多人是拍手叫好的，覺得政府終於執行了一個「良策」；反觀現在過了一年半，人民怨聲載道，政府覺得有效，人民卻覺得有「笑」。

為什麼房價好像沒有下降反而漲得更兇了？因為奢侈稅就是要打趴中產階級。奢侈稅打的是「投機客」，不是投資客。對於大咖投資客而言，他只是買的速度變慢了，一個月買 10 間變一個月買 5 間，只要口袋夠深，根本沒有差！

反觀消費者，原本的房價可能只要稍微努力存錢就還是有可能買的起，但因為奢侈稅的關係，房價硬深深的被加了 15% 的價格上去，原本 700 萬的房子，現在卻要 800 多萬才買得起，剛好超出了一個正常家庭的平均薪資水平，讓社會大眾只能望之卻步。

再加上，政府執行的另一個「德政」：調降房屋貸款成數，讓一般民眾的自備款足足要多準備一倍，唯一能讓自己翻身的道路，就這樣被政府給扼殺了。因為政府為了杜絕投機客而實施奢侈稅，「寧可錯殺，不可錯放」，導致大多數的消費者跟著遭殃。並且，對於像是人口密集的台北台中等地，房價反而不降反升，政府短少了幾百億的稅收，房仲店因為市場不熱絡

導致失業率上升，國家 GDP 下降，所以奢侈稅遲早會取消。

現在這樣的情況，到底要怎麼踏入房地產這個產業呢？你必須先選對一個地點，買了房子出租穩穩的賺取租金收益，並且租金收益至少要 cover 掉房貸利息，接著待兩年後奢侈稅消失再予以賣出。現在時代不同了，千萬別想要像三、四年前那樣短進短出賺取價差，那樣只會讓你自己套牢，請選擇相對安穩的道路。記住一句話，千萬別跟政府的政策做對！

實價登錄真的是「實價」嗎？

內政部不動產交易實價查詢服務網日前上線當天，卻發生不久就被塞爆無法登入的窘境，幾乎一個上午都無法連上網頁。那天，你是不是也汲汲營營的上網查房價呢？在以前，房地產交易是建立在「資訊不對稱」的情況下，比的是誰擁有的情報比較多，誰就能買到便宜的房子。而現在因為有了實價登入的關係，房價透明化，一般人可能覺得這樣子就可以杜絕投資客跟仲介的漫天喊價，但其實實價登入的效果是很有限的，而且，你覺得價格一定是正確的嗎？

2012 第三波實價登錄公布，萬芳社區竟然出現一坪 55 萬，17 坪還有三房一廳，實際走一趟，社區住戶沒聽過有這個價錢，儘管旁邊就是捷運站，還有公車來來往往，交通便利，環境清幽，但社區裡幾乎是 30 年的老國宅，一坪 55 萬以上的到底在哪裡？

17 坪格局，進到屋內一眼看到兩房一廳，但房子往前走還有兩個房間，拉開平面圖，室內 13.6 坪，原本只有兩房一廳加廚房、衛浴，不過國宅一樓既有違建增加八坪，才會連帶拉高每坪價位，加上既有違建，讓每坪房價拉高，實價登入讓房價現形，開價和成交價也出現兩成以上的落差，民眾買屋看屋還是得實際了解物件情況才下手。

沒錯！就是會有這種意外，但是這還算是你直接走訪物件就能看的出來的狀況，那如果是現場也看不出來的要怎麼辦？

實價登錄，有些只是看到一棟大樓某一戶的成交價，但 2 樓的房價跟 20 樓的房價一坪可能就可以差到 4 萬，隔一條街的價差也可以差到 100 萬，甚至還有一些是私人因素造成的，例如：屋主急需用錢所以急售、投資客資金不夠斷頭、家裡遺產糾紛賤賣房子等等之類的。

實價登錄並不會跟你説明買屋賣屋的原因，但這可能會在價格上造成很大的差異，所以建議你，實價登錄僅供參考就好。

小資世代智富心法

- 因為你不可能對抗政府，所以對你而言最重要的，是你怎麼看待現在的政府政策跟想因應之道，而不是把焦點放在問題上。
- 奢侈稅是打趴中產階級翻身，而不是阻止有錢人更有錢。
- 政府執行調降房屋貸款成數，讓一般民眾的自備款足足要多準備一倍，唯一能讓自己翻身的道路，就這樣被政府給扼殺了。
- 在現行的政策狀態下，你必須先選對一個地點，買了房子出租穩穩的賺取租金收益，並且租金收益至少要 cover 掉房貸利息，接著等兩年後奢侈稅消失再予以賣出。
- 房地產交易是建立在「資訊不對稱」的情況下，比的是誰擁有的情報比較多，誰就能買到便宜的房子。

4-3

房地產入門之鑰

盡信書、不如不讀書

很多人以為，只要看完書就可以照著實踐了，結果最後執行不成，再罵作者寫的都是騙人的，哪有那麼容易，出書來騙錢。當初我朋友也是在看完《富爸爸‧窮爸爸》之後，知道「買樓收租」的重要性，是為了要創造現金流，於是看完書之後馬上就開始去實做，結果買了三間在基隆的房子，一間輻射屋、一間海砂屋、一間凶宅，全部中招，到現在還有房子沒脫手掉。

有些人會覺得外面的課程學費很貴，那我就挑便宜的課跟買書看雜誌就好啦，幹麻花個幾十萬去上那些房地產課程，真的有那個必要跟價值嗎？但當你真的用課程上學到的知識幫你避免掉被投資客坑殺或是被仲介騙得團團轉的時候，你就會真的看到這些課程的價值了。

一個人一生最需要投資的標的物，就是自己的腦袋，很多事情真的是書中學習不到的經驗。一本書是一個作者畢生的精華沒錯，但並不是你照著書中的指示去做就一定會成功，因為你們並不是在同一個時空背景下做事，而且你也不是他。

很多真正有在做的投資客，其實是不用拋頭露面的。如果是你在房地產投資很賺錢，你會願意冒著被政府查稅的風險出書嗎？你會願意把房地產操作技巧傳授出去讓大家來分一杯羹嗎？當然也是會有，但就像我講的，你們並不是在同一個時空背景下操作，很多事情都需要自己在微調。

但其實也有很多有在出書的作者跟有在報章雜誌寫房地產專欄的專家，他們都沒有在做、甚至沒有做過房地產嗎？有些只是去採訪有「買房子經驗」的人或是背背仲介店的資料跟個案，你必須認真的去分辨這個人講話的實與虛。

做好萬全準備，才能面對挑戰

要進入投資房地產的門檻，並不是一件容易的事，而且資金規模也不是常人可以負擔的，所以有些功課你必須事情就開始準備。

POINT 01

聽課程講座，站在巨人的肩膀上

一開始最好進入投資房地產領域的方法，就是先找到一個「正在做」的老師來學習，並且嘗試著開始跟有在做的人合作，對於一般上班族而言，風險相對低而成功率相對會比較高。並且在參加活動的過程中，你或許可以從同好中找到你的合作夥伴。

POINT 02

開始累積資金

房地產進入的最基本條件，就是資金，不管你是用存的還是用借的，沒有資金你就是沒辦法出手。所以開始每個月撥一點基金到你的「地產投資戶頭」，只要你開始行動，你就會慢慢有感覺。

POINT 03

閱讀大量專業房地產書籍及文章

「工欲善其事，必先利其器」，在你行動之前，你可以透過大量的閱讀來增加你的房地產知識，但報章媒體就別看了，很多都是有「背後的手」在操作的，聽了媒體的話就去行動只會害你套牢。

POINT 04

多去實地看房子，跟仲介建立關係

跟仲介建立關係就跟交朋友一樣，如果你是仲介，你會把好的物件隨便賣一個陌生人嗎？我相信你也想找值得信任的仲介買房子吧！那就多去看房、多跟仲介打交道，或許在他拿到好物件的時候，因為你平常有在跟他交流，所以他第一時間就會想起你。

POINT 05

沒事多計算

儘管你現在還沒有能力購買，但是你要培養你看房子的敏感度、計算的敏感度，多少頭期多少租金就可以付清多少房貸？每 100 萬元的房貸一個月的利息是多少？哪間銀行的鑑價速度最快？這些如果你都清楚了，你搶到好物件的速度可能就會更快。

POINT 06

開始累積你的信用

買房子除了頭期款以外，還有後續的房貸要支付，如果你的信用不夠好沒有辦法貸到你想要的額度，那勢必會增加你在執行上面的困難。所以，平時就要開始累積你的信用，多刷信用卡並一次繳清不遲繳，讓你自己成為銀行眼中的好咖。

POINT 07

練習你講話的技巧

當你真的開始實戰的時候，如果你不會議價、殺價、談判，你不了解買家跟賣家及仲介對你的話術，那你很容易在房地產投資上跌一跤。一般有錢人有錢可以套牢，所以套牢也沒差，但是如果你沒有這個肩膀，那就請你多多磨練你講話的感覺與技巧，不要到時候被殺得一蹋糊塗。

不要期待好物件會從天上掉下來，厲害的投資客也是從菜鳥開始的。萬丈高樓平地起，紮根要紮穩，並且想辦法提升自己的水平，多多接觸相關的人脈。如果你成功找到貴人願意提攜、提點你，那我相信你在這個領域走的冤枉路將會少很多。

小資世代智富心法

- 多買成功人士的書來看，一本書是一個作者畢生的精華沒錯，但並不是你照書中的指示去做就一定會成功，因為你們並不是在同一個時空背景下做事，而且你也不是他。
- 一開始最好進入投資房地產領域的方法，就是先找到一個「正在做」的老師學習，並且嘗試著開始跟有在做的人合作，對於一般上班族而言，風險相對低而成功率相對會比較高。
- 開始累積你的信用，刷信用卡並一次繳清不遲繳，讓你自己成為銀行眼中的好咖。

出手瞬間，便決定了獲利

沒有不能買的房子

新聞總是說台北人買房，得不吃不喝好幾十年才能買得起，於是，市面上開始如雨後春筍冒出了很多教如何買賣及投資房地產的書，甚至有些高居書店的排行榜，很多人跑去買房地產的書籍，看著書點頭如搗蒜，準備大展身手進入房地產投資領域，但是，大多數人也只是看看而已。

有一次，我在三重看房子，有一間門前馬路只有兩米寬的 4+5 舊公寓（4+5 就是四層樓的公寓頂樓加蓋），我馬上想起去外面上房地產課的時候老師有教：「門前至少要有 6 米寬，不然連救護車、消防車都進不來你敢買嗎？」所以我馬上把這間物件扔到垃圾桶裡，結果被我的合夥人撿起來，隔天就買了，我還成為這間房子的股東。

不是說書或老師教的不對，而是有很多事物總是一直在變化的，就像是房地產跟創業，過去成功的方法套用在現在不一定是可行的，要有一定的變通跟應變能力。房地產是相對性的投資，沒有什麼地方是一定不能買的。

> ① 你在基隆買到的物件，可不可以投資？
> ① 你在阿里山買到的物件，可不可以投資？
> ① 你在屏東買到的物件，可不可以投資？

當然可以投資，只要你買到相對低於行情的物件，絕對可以投資！你說基隆不會漲，房子一間就是 150 萬左右，但如果你能買得到 120 萬相同的房子，是不是就相對可以投資了呢？

地點是最優先考量

當然，一般人是不會以找這種地區這類型物件來投資，因為相對困難，除非遇到屋主「吃米不知米價」的狀況。所以大多數人，還是會以整體房價會上漲的地區、把房子買下來等增值來賺取利潤為主要目標，那這種投資角度要關注的重點只有三個：**地點、地點、還是地點。**

你如果是買在一個幾乎確定會漲價的地方，例如台北市，就算買貴了，你可能買到了一年後的行情，但只要你繼續持有這間房地產下去，遲早這間房地產的價值會超過你當時買入的價錢，之後你再轉手獲利即可。而在中間的這段期間，你可以先將房屋出租出去，透過租金來支付一部份的房貸費用。很多人看房子投資房地產時的盲點，都是看裝潢如何、家俱新不新、牆壁油漆有沒有裂縫、有沒有壁刀等等，但這些「一點都不重要！」

為什麼？只要主結構沒有問題、整體格局方正，沒有什麼完全不能改變的抗性（抗性就是有什麼條件會降低房價的因素，Ex：住戶品質、風水等等），基本上就沒有問題了。

裝潢值多少錢？**記住，你買的是「地段」、是「區域」，而不是「鋼筋水泥」。**大多數的抗性，花錢都可以解決，這就是裝潢師傅厲害的地方，有暗房怎麼辦？房間不方正怎麼辦？這些裝潢師傅都可以憑就他多年的經驗解決這些問題，鋼筋水泥本來就會漲，但是「地點」可能只有你買的這個位置會漲而已，這才是你要專注的地方。

買房地產跟創業一樣，做下去就已經決定你未來 90% 是賺錢還是賠錢了。所以，不要再問到底哪裡會漲，每個區域都一定會有漲的地方，桃園會不會漲？新竹會不會漲？台南會不會漲？當然都會漲，只不過你知不知道哪裡會漲而已。

我曾經看過有人在網路說：「我從小住台中長大，台中會不會漲難道我不知道嗎？」就算是在台中西屯區當地工作的仲介，他也不能保證西屯區都會漲，可能頂多說「逢甲」這一小塊會漲而已，但沒在做房地產投資、甚至是沒在做相關領域工作的人，竟然可以很肯定的說自己很了解當地的行情，這真的是令我很難相信。

踏出你的舒適圈

當你有了正確的觀念之後，就可以開始嘗試踏入房地產領域了。基本上你可以選擇兩種做法，第一是自己做，第二是跟別人合作。自己做當然有機會賺的比較多，但是相對的風險比較大、自有資金要比較雄厚、撞牆期可能會比較長等等問題。初學者的話，我會建議剛開始先跟有經驗的人合作（當然是要你信任的人）。

就算是你有經驗老道的朋友，你也知道他在房地產這塊做的還不錯，你也想要從中賺一筆，而當他問你要不要一起摻一腳合資投資房地產的時候，通常結果還是：我再想一下好了、我跟我老婆討論看看、我覺得好像還是有風險。

如果你是初學者，勢必也會有這些疑慮，但是你也必須想辦法跨出你的舒適圈。合作就是這樣，一定會有風險，但你想要獲得比別人高的獲利，你就得承擔比較高的風險。

外面有在讓別人合作的團體，都還會另外抽取所謂的「代操費用」，而且一般都是你出資，操作獲利以後，操盤者抽七成，你抽三成，當然還是要以合作的案子跟金額會有所差異，但這就是行情價，因為沒有這些人，初學者可能永遠沒有辦法踏入這個領域。

白紙黑字才是憑據

如果你真的有機會跟別人合作房地產的話，有幾件事你還是必須做可以保障自己的權益：

- **簽一式兩份的合作合約，跟操盤者各持一份。（包含房屋地址、合夥金額、獲利發放方式、房屋建號地號等等）**
- **請操盤者影印一份權狀影本給你。**
- **如果再不放心，可以請操盤者簽一張商業本票給你。**

有些人覺得，跟認識或信任的人合夥，就「口頭講好」就好，不需要白紙黑字寫下來，這絕對是錯誤的！很多人都是在這方面合作的時候發生糾紛，賺錢的時候大家都沒話講，沒賺錢的時候大家就會開始靠腰。

當年，台中某團隊開設不動產課程招攬學員，再以五十萬元為一個單位，宣稱獲利可達百分之一百二十，並且用「保證獲利」的模式來吸金，你都不知道你投資的房子在哪裡，只知道在「這一帶」，那不是很沒有保障嗎？

沒有什麼人可以保證獲利的，投資理財本來就有賺有賠，能夠保證的就只有銀行。所以，之後如果你有遇到有保證獲利的投資機會，那鐵定是違法，請切記避開此種狀況。

小資世代智富心法

- 房地產跟創業皆不是一成不變的，過去成功的方法套用在現在不一定是可行的，要有一定的變通跟應變能力。
- 房地產是相對性的投資標的物，沒有什麼地方是一定不能買的。
- 如果你是想透過把房子買下來等增值來賺取利潤為主要目標，其所要關注的重點只有一個：地點。
- 投資房子買的是「地段」、是「區域」，而不是「鋼筋水泥」。
- 基本上買房地產跟創業一樣，做下去瞬間就已經決定你未來 90% 是賺錢還是賠錢了。

上班族薪水買房攻略法

無中生有的買房頭期款

「想買房子但是要怎麼買？」這是我做教育訓練以來，最多學員來問的問題！

假設你沒有頭期款，有個方法你一樣能夠買房子，因為很多人是沒有頭期款的，甚至存款只有十幾二十萬，而且就算你只是個上班族也沒有關係，靠這個方法，只要你的信用是良好的，有正當穩定的工作，你就可以透過「信用買房」。

首先，你先去信貸 100 萬，這筆資金要做為房子的頭期款。事實上，信貸 100 萬如果你條件不夠好，是需要一個保人的，假設你是年輕夫婦、或著你朋友願意幫你做保的話，你都很容易貸的過這個金額。

100 萬的信貸，還款期限能拉多長拉多長。依一般銀行的規定來說，期限都是四年到七年之間，正常銀行都會審核你五年分 60 期還款。如果說以五年 6% 的利息來算，一個月需要繳 19,340 元，這是信貸的部分。

重點來了！第一筆資金已經出現了，你已經跟銀行貸款了，你也找到了一個保人，可能你原本只能貸 70 萬，因為你有保人的關係，你的貸款額度到了 100 萬，你的頭期款已經出現了。現在，你可以去找一間房價大約在 5、600 萬的三房兩廳。

什麼是薪水買房策略的必備條件

延續前面我們有提到，去找一間房價大約在 5、600 萬的三房兩廳。記得！一定要是「三房兩廳」，接下來讓我來告訴你為什麼要三房兩廳。假設，你買了一間房子，你背了 500 萬元的房貸，銀行給你 2% 的房貸利率，這時候你要記得，前面兩年到三年，在辦銀行貸款的時候要申請只繳息不繳本，記得，是**「只繳息不繳本」**

這兩個條件你得先滿足了：一是信貸 100 萬、二是有間房子三房兩廳，房貸 500 萬左右，二到三年只繳息不繳本。這時候，你買房的錢都已經有囉！房貸 500 萬，2% 的利率，兩年只繳息不繳本，一個月需繳的金額是 8,350 元。我們把信貸 19,340 元加上房貸 8,350 元，加總起來總共是 27,690 元，這就是你一個月需負擔的金額，大概是台灣 80% 上班族一個月的薪水，但是沒有關係，接下來你有幾個方法來解決還款的壓力。

養啞巴兒子繳貸款利息

買房子，本來就是人生大事，多付出辛苦個一兩年本來就是應該的，如果你想要不付出又能夠有房子，恭喜你！買房子永遠都是個夢。如果你願意付出的話，在這段期間內，你可能需要稍微去兼個差，我並沒有叫你做出太大的改變或離職，只要是能增加收入的方法都可以。

你現在一個月需繳的金額是 27,690 元，我們這時候有哪幾種策略來降低你的壓力呢？這就很重要了！首先，我剛剛講了，我要你去買的是一間「三房兩廳」，三房兩廳通常來講，會有一個是套房，兩個是雅房，這時候你有幾種方式：

EXAMPLE 1

兩間雅房出租，自己住套房

因為你現在沒有房子，所以你不是跟家人住就是租房子，所以，你現在等於跟自己租了一間套房，在這兩年的過程裡面，你得稍微忍受一下家裡有陌生人的出現，你等於自己是房東的角色。讓我們假設，雅房一間租 4,000 元，兩間總共租了 8,000 元，好，這時候你就降低了什麼？你降低了房貸的利息。

我們來總整理一下

房子每個月的成本	房子每個月的收益
信貸：19,340 元	雅房租金：4,000 元
房貸：8,350 元	雅房租金：4,000 元

成本－收益＝ 19,690 元

為什麼要這樣做？你本來就有在外面租房子，你的套房租金可能本來是 9,000 元，上述算出來的 19,690 元，相當於你只付了一萬多元。換而言之，每個月你只要再多付一萬多元，你就擁有了這間房子，你本來就要付給前一任房東，只不過現在你自己當房東，自己付房租給自己，所以，相當於你每個月多開銷 10,000 元，你就擁有這間房子。你現在心裡可能會有一個疑問：「這個房子只繳息不繳本，也不是我的啊？」等一下我會跟你講解為什麼要這樣做。

EXAMPLE 2

一間套房及一間雅房出租，自己住在雅房

同樣是三房兩廳，你可能對生活品質要求沒那麼高，你決定出租一間套房跟一間雅房，一間套房租 9,000 元，一間雅房 4,000 元，成本不變，房租收益總共 9,000 ＋ 4,000 ＝ 13,000 元

我們來總整理一下

房子每個月的成本	房子每個月的收益
信貸：19,340 元	套房租金：9,000 元
房貸：8,350 元	雅房租金：4,000 元

成本－收益＝ 14,690 元

對你來講，你每個月只要支付 14,690 元，你本來住就要付租金了，你等於是把租金付給自己。記得：「你等於是把租金付給自己」，不要陷入思考的陷阱裡。

「啊，我原本一個月只要付 9,000 元房租，現在要付 19,690 元，壓力好大！」

你原本租了 9,000 元的房子，你是沒有任何資產的。可是，現在你住的這間房子，它會幫你賺錢，它等於是你的資產項目，你等於是租房子你就有資產，你只要每個月多付出 10,690 元。

EXAMPLE 3

一間套房及兩間雅房皆出租，自己住在家裡

第三種狀況是：你住在親朋好友家裡，你把一間套房及兩間雅房全部出租，一間套房租 9,000 元，兩間雅房 8,000 元，或是一整間租掉，總共房租 17,000 元

我們來總整理一下

房子每個月的成本	房子每個月的收益
信貸：19,340 元	套房租金：9,000 元
房貸：8,350 元	雅房租金：8,000 元

成本－收益＝ 10,690 元

將上面三種模組比較後，你有沒有發現一件事，不管是哪一種組合，扣除自己的房租後，都是 10,690 元！等於是你養了一個啞巴兒子，你每個月只要支付 10,690 元，你就可以持有這一份資產了。

通貨膨脹推升房價上漲

在這兩年內，你就當自己是在強迫儲蓄，強迫存 10,690 元，兩年下來你相當於存了 26 萬，這是帳面上的樣子。兩年過了，你的貸款開始要繳本金了，怎麼辦？找新的銀行重新鑑價你的房子。

這是什麼意思呢？就是換一家銀行辦理房屋貸款。假設你換了一家銀行貸款，你又可以再度重新開始計算「兩年只繳息不繳本」。這時候你可能心裡又想：「房子還不是我的啊！」

為什麼要這樣做？在你這一次換一間銀行貸款的過程，

銀行會幫你重新估值你的房子的價值。這兩年過去了，假設房子可能因為通貨膨脹的推升，房價漲了 20%，銀行會把這些增值的錢也貸款給你，你是不是就套利出來了？

舉例來說，原本銀行貸款八成的房貸 500 萬給你；而兩年後房價漲了，一樣銀行貸款給你八成的話，可能會變成 600 萬元。一來一往，等於你套利出來了 600 － 500 ＝ 100 萬元的貸款。但是，你也不要多貸，因為你可能沒有多餘的錢繳多出來的貸款，一樣貸 500 萬就好，不過你的房子已經增值了！

然後，你再透過上述的模式再經過兩年，這兩年過後，你又付了差不多 26 萬之後，相當於存了 52 萬元，這時候再重新鑑價房價一次。第二次重新鑑價之後，房價可能又會往上提，銀行可能跟你說，你的房子貸款 500 萬相當於六成，那這句話代表什麼意思呢？就是你的房子現在價值是 5 百萬 ÷0.6 ＝ 833 萬元。

這個時候，你可以選擇把房屋賣掉，你會發覺一件事：四年過後，你的信用貸款是不是只剩下一年而已，在你繳信用貸款的時候，你都是在幫自己強迫儲蓄。房子增上去的價值，經過銀行鑑價已經漲了不少，一來一往，你已經在賺錢了。你可以現在拿出紙筆，詳細的精算看看，看會不會跟我得到一樣的答案。

上述雖然算的很完美，但如果你有些許的自備款是最好，因為還是會有一些其它的額外費用要支付（EX：仲介費、雜費等等），我必須用上述的案例讓你了解，事實上這個策略是可行的。

高收益伴隨著高風險，你願意承擔嗎？

按照上面的模式，不知道是否有讓你了解到進入投資房地產界並沒有想像的那麼困難，或許事情不會像上面寫的這麼順利，有可能貸款金額還是不足、或找不到上述那麼低價位的房地產，但是透過微調，你應該還是可以買到你人生夢想中的房子，因為你的貸款壓力將會減輕很多。

相信我，一個上班族要存 100 萬元，是有多困難的事情！一個月存 1 萬元，要存 100 個月才有 100 萬元，也就是需要花八年四個月，這件事情有多困難，我想大家應該都很清楚。可是透過這種方式，它等於房子一邊在幫你賺錢，你等於是在強迫儲蓄，你就擁有自己的房子，假設你不擁有房子，你也會擁有你人生的第一桶金，而且會在五年內出現。

這個方法，雖然要花上四年的時間，但對很多上班族來講，它是相對安全的。或許有些人會覺得，扛房貸跟信貸的壓力很大，但是風險與收益本來就是相對了，**你今天想要獲得極高的收益，你就必須要承擔極高的風險，這個方法，讓你的風險降低，所以它的代價就是你所花的時間會比較久。**

上班族薪水買房策略，也是建造財務管路的一種方式。只要你能透過各種方法打造出你的財務管路，你將能創造源源不絕的收入。

小資世代智富心法

- 只要你的信用是良好的，你有正當穩定的工作，你就可以透過「信用買房」。
- 房子本就是人生大事，多付出辛苦個一兩年本來就是應該的，如果你想要不付出又能夠有房子，恭喜你！買房子永遠都是個夢。
- 一個月存 10,000 元，要存 100 個月才有 100 萬元，耗時相當久。可是透過信用買房，等於房子一邊在幫你賺錢，你等於是在強迫儲蓄，你就能擁有自己的房子。

培養投資房地產的敏銳度

了解房地產的種類

台中朝馬客運站對面是漂亮的秋紅谷公園，星期三下午我們正在跟學員解釋這裡過去幾年跟最近的發展，公園後面那一整片就是傳說中的「台中七期豪宅區」，去年陳幸妤在這裡買了全台中最貴的豪宅，總價 8750 萬、一坪 56.5 萬。

長年住台中的人應該都知道，這裡的房子好像如雨後春筍的冒出來，好像蓋房子不用錢一樣！現在建案已經不知道已經到十幾期了，晚上經過這裡一棟大樓沒幾戶燈是亮的，根本都沒什麼人住，但是房子還是不斷的蓋、不斷的漲。對面的「鄉林皇居」，也是從預售一坪 18 萬到現在三年後一坪 30 萬，而且還在不斷的上漲。學員很納悶，但也很想了解是不是有機會投資這些房子？

投資房地產，基本上大概分為下列幾種：

① 預售屋	**① 新成屋**
① 中古屋	**① 問題屋（法拍、凶宅等等）**

基本上我們自己都是投資中古屋，像豪宅這種高單價的物件，雖然獲利會很驚人，但相對風險很大，並且你要有雄厚的資金才比較有可能操作這種項目，所以我們並不建議一般人去投資豪宅。

我相信，很多人一生中可能是會買一次房子，所以大多數人可能都沒有投資房地產或收租的概念，尤其是年輕人。我們之前有過一間大家一起合作投資的房子，買完之後打算裝潢出租給別人，而那一次就有發生了一些問題。因為一般人沒有投資過房地產的經驗，有些人會以為，好像這個月買房，下個月就開始出租有租金收入了，所以當下個月沒有分紅的時候，就會開始哇哇叫，這種就是沒有 Sence 的合夥人之一。

買房子不是只要付頭期款

如果是買 600 萬的房子，以房貸八成來算，頭期款大概就是要支付兩成 120 萬，但是，還是有一些其他額外的費用要負擔的。舉凡契稅（約房屋現值 6%）、辦房貸手續費、代書費＋銀貸設定費＋其他規費（約 15000 元左右）、仲介費 1~2%，再加上可能要粉刷房屋、換換燈飾、窗簾、家電等等，可能就已經要 20~30 萬了。另外如果要出租的話，最好在抓個 20 萬的週轉金，以防出租不順利預備現金繳房貸利息。

還有一種狀況，就是有時候貸款不如預期，銀行可能說你只能貸款七成或七五成，又或者，你可以加保「房屋壽險」，那這樣貸款成數可以拉到八成，那這時候如果你的現金不足，你買不買單？加保多花 10 萬，少貸一成要再補 50 萬現金，這時你不買單都不行。

以為今天買房明天收租的消費者

一般買屋流程是這樣的：當你要買的時候會先下斡旋議價，當確定金額之後，就會找代書來簽約，接著一個禮拜內要先付第一期款，然後等屋主把戶籍遷走，代書開始跑流程，然後計算要繳多少土地增值稅；接著我們大概兩個禮拜後要付第二期款，然後新的屋主把戶籍遷入，銀行開始跑房貸流程；接著跑完房貸流程我們再付第三期款，然後交屋。

到這裡，房子的所有權才完全屬於我們的，整個流程跑完快的話大概一個月，如果銀行貸款遇到問題或前屋主又發生其他狀況，拖得更久也是可能會發生的。這只是房子到手而已喔！如果你買的是中古屋，是必須要裝潢一下再出租，就算沒有動太多至少也要油漆粉刷一下，所以可能兩個禮拜到三個禮拜又過去了。如果有動到衛浴，最後還要試住個一個禮拜，看裝潢或其他防水的部分有沒有問題。到這時，兩個月已經過去了。

租房子有分大月跟小月，大部分的人可能都有租過房子的經驗，所以什麼時候是旺季應該很了解。如果，你房子買入到出租的時間剛好是小月，那可能又要花比較長的時間才能把房子租出去，長的話甚至一、兩個月都有可能。如果你是 5/15 跟房東簽約，通常都是六月才起租，所以半個月又過去了。

算到這邊，這個過程總共花三、四個月是常有的事，所以等你開始領租金分紅，可能已經是你買房的第五個月了，但沒有投資過房地產的人，很多人是沒有辦法接受這樣的事情，但事實就是如此。

不是一年一定是收 12 個月房租

有些人會認為，自己是優質好房東，好像房客永遠不會退租。有時候房客可能會有自身的原因退租（尤其是學生），也有可能剛好遇到惡鄰居、跟室友吵架、男女朋友分手、換工作，什麼樣的理由都會有，會跟你長租超過三年的房客真的很少。當房客離開，你至少要稍微整理家裡，再加上出租時間的空窗，平均一年收 10~11 個月房租還滿正常的，所以不要見怪不怪。

又或者，你是有動到大裝潢的人，那可能三不五時還會有滲水問題，捉漏其實是很花時間的，兩三個月都有可能，那這中間的房租收益就不見了，甚至還要拿一個月房租來繳之前空屋的房貸利息。

租房子是一門藝術，房租能租多少是有技巧的。基本上，大家都想租給租屋穩定的人，那誰是穩定的房客呢？

我一般會將租房子的人分為幾種：學生、上班族、小家庭、八大行業。而我們最喜歡租的人房客就是小家庭，因為這種人通常不太願意搬家，東西很多又有學區的問題，而且有些家長的心態是：「我先租個兩三年，如果住習慣就問房東要不要把房子賣給我們。」當遇到這種狀況，你連接手的買家都找好了。

租給學生他們很愛凹東凹西，而且學生不太會愛惜你的房子（這方面我相當有經驗），或三不五時就給你退租或拖房租；上班族通常會有換工作的問題，如果被調派或資遣，就很容易發生退租；八大行業出入太為複雜，且整棟大樓的行情可能也會受到影響，故不建議出租給這些人。

小資世代智富心法

- 豪宅這種高單價的物件，雖然獲利會很驚人，但相對風險很大，並且你要有雄厚的資金才比較有可能操作這種項目，所以不建議一般人去投資豪宅。
- 買賣房子的過程，整個流程跑完快的話大概一個月，如果銀行貸款遇到問題或前屋主又發生其他狀況，拖得更久也是可能會發生的。
- 從房子買入到出租完成總共花三、四個月是常有的事，所以等你開始領租金分紅，可能已經是你買房的第五個月了，但沒有投資過房地產的人，很多人是沒有辦法接受這樣的事情。

真正的投資客

只花兩小時就買了一間房子

某日星期五，外面飄著小雨，我們剛去看完一個物件，現在坐在家裡跟仲介簽約，因為剛買了一間房子。

時間往回推兩小時。突然在睡夢中被電話吵醒，原來是仲介打電話來，因為剛好得知了一個物件，所以今天回台北的行程只好往後延了。

這是一間兩房一廳，21 年的老社區，整體感覺看起來還不錯，於是我們回家討論以後，決定下斡旋金、開始議價，整個過程，就在我們邊跟學員做實況轉播中的兩小時就結束了，總共砍了 70 萬。現在，我們正在等代書約時間，預計晚上就可以簽約完成，然後去慶祝又成功購置了一間房地產。

不知道你有沒有發現一件事：前面的出價、下斡、簽單，全部都在我們家裡完成的。我們買房子的模式，好像跟一般人想像中的好像不一樣，能夠這樣的原因是什麼呢？就是我們在仲介眼中完全是個「咖」。

如何讓讓仲介覺得你是個咖呢？

整間房子，只看了 3 分鐘就決定下斡，到買賣完成只花了兩小時，那你覺得，仲介這次賺到的仲介費輕不輕鬆？要是你是仲介的話，你會不會喜歡這樣的客人？我想答案應該很明顯了。

不是說買房子不用考慮太多就是好咖，而是，我們不會去做某些無謂的事。比如說又找家人或小孩來看房子、抱怨房子哪裡有問題要殺價、要仲介自己折仲介費等等，那你說，仲介在議價的時候會不會站在你這邊呢？

在等待簽約的時間時，我打了幾通電話給當初有要報名我們房地產課程的學員，其中有位接到電話，在我表明身分之後，他劈頭就講：「學費太貴了啦！我不會去上，我買書來看就好啦！」掛了電話之後，我的夥伴就靠過說：「那就讓他去買書吧，投資『輸』到一屁股時，就會知道為什麼投資房地產不能只看書了。台灣人嘛！總是喜歡把房子換成迴紋針之後才知道要學習。」

一般人看房子是怎麼看？

第一種是，自己先去看，覺得裡面很漂亮，開放式大廚房、超大主臥、門前有公車、附近有學校、捷運站 10 分鐘，不買太對不起自己了！另外一種是，早上跟另一半先來看，下午帶小孩再來看，最後晚上再帶父母跟公婆來看，最後卻連斡旋都沒有下。如果你是仲介，你會想浪費時間在這上面嗎？記得某次教學課程講到這邊時，有位太太摀著嘴巴猛點頭，因為她就是上面的第二種狀況。

前面有提到，有間物件因為馬路不夠寬而被我丟到垃圾桶。就這麼剛好，吳老師去丟菸蒂時，看到物件資料表就好奇拿起來看，看完馬上問「這是誰丟到垃圾桶裡的？」

「是我。」我回答道。吳老師接著問「你為什麼要把這張丟到垃圾桶裡？你什麼時候丟的？」我說「剛剛。」接著吳老師說「這可以買啊，笨蛋！」於是他馬上打電話過去給仲介，然後下斡，隔天就簽買約了。這時候我才真正體會到，有錢人在賺錢搶物件的時候是有多麼瘋狂。

真正的投資客，很多其實根本不會去找房仲店看房子。每位房仲都會有所謂的「投資客口袋名單」，當一個仲介接到一個 case 的時候，會把上打給手邊的 A 咖投資客，詢問有無要買意願，而這個物件如果是 Apple 物件〔即好物件的意思〕，可能 10 分鐘內就被買走了，因為真正的大咖投資客根本都是在用搶的，然後轉手再轉手，可能過了三手之後才會到仲介店建檔，然後貼到一般消費者會看到的玻璃櫥窗上。

所以，想買到好的投資物件，得看你沒有辦法成為仲介眼中的「A 咖」。

小資世代智富心法

- 不是說買房子不用考慮太多就是好咖，而是我們不會去做某些無謂的事。比如說又找家人或小孩來看房子、抱怨房子哪裡有問題要殺價、要仲介自己折仲介費給我們等等。
- 人們總是喜歡把房子換成迴紋針之後才知道要學習。
- 一般消費者買的房子可能都已經過了三手之後才會到仲介店去建檔，然後貼到仲介店外面的玻璃櫥窗上。

戰勝窮忙人生的自我課題

明天

- 鎖定你有興趣投資房地產的區域，開始做功課，上網查詢最近的成交行情跟區間、以及成交數量最大的房型為何。
- 設立一個「房地產投資基金」，每個月撥一定比例的薪資到此戶頭，此戶頭的錢只能進不能出。

下週

- 每個禮拜固定排出兩小時去看房子，最好是在星期一到星期四之間，盡量能兩天去看一次，開始累積去你有興趣投資區域的敏感度。
- 找三位以前有做過房地產的人，詢問看房子的要點、要注意的事項，並且如何跟仲介溝通的話術。

下個月

- 與一兩位仲介保持密切的聯絡，讓他們知道你是有意願要買房的，維持良好的互動。
- 找三位正在做房地產投資的人，問他是否願意帶你領進門，是否有機會讓你參與他議價或下斡的過程。

CHAPTER5

心態篇

態度決定你的未來人生

每個人的生命都不該被定型，
與其抱怨時運不濟、人生不順遂，
何不努力改變現狀，讓自己更靠近目標一點，
不管最後是否抵達目的地，
沿途風景才是珍貴的經驗與回憶。

旅途的點滴比目的地更令人感到喜悅

找到讓熱情延續下去的理由

我的事業開始有顯著的成長是在 2012 年，當時收入開始逐步超越一般上班族，我很開心努力漸漸地有了回報。事業會開始成長，也意味著很多事情上了軌道、有個 S.O.P. 流程出來，所以有很多事情都可以在很快的時間做完，如果再扣除外包的事，其實本身要做的事情就是「用腦袋思考」了。

如果一個人做事業是以賺錢為目標的話，那當你達到這樣的成就時，你會失去專注的動力，最後就只剩下空虛伴隨著你。在《何不斗膽一下》有提到：「你的人生有沒有意義，得看你是否能在過程中覺得快樂、感受到存在的意義。」當你在做事業的過程中，你有可能會失去對於目標的熱情，這種情況尤其事發生在事業小有成績的時候。

每個人都或多或少聽過專家名人的演講，每個成功人士都會有一段他辛苦奮鬥的日子，所以才能達到現在的成就，而這些過程中，最重要的階段就是 0 到 1 是怎麼辦到的，也就是說，如果把剛開始奮鬥到現在成功的過程分成 100 份的話，「起步」最重要！

- 我是怎麼賺到第一通金的？
- 我的事業是如何開始起飛的？
- 我透過什麼樣的契機開始執行我的計畫？

這些，才是有錢人跟成功人士達到現在一般人無法達到的結果的關鍵，但是也是很多人往往忽略的重要環節，大家只知道王永慶、郭台銘後續的豐功偉業，可是卻沒有去探討他們跨出第一小步的關鍵是什麼，到底是怎樣的契機、天時、地利、人合導致他們的「小成功」，這個是我們應該要去關注很重要的點。很多大老闆、甚至是世界大師，往往也都不告訴你他怎麼從 0 ～ 1 的過程，而你又只關注他們現在有多成功，這樣對你是沒有多大的幫助。

有些過程，一次就會讓你回味多年

前陣子，我跟一位前輩「得來素連鎖餐飲集團創辦人」小關聊天，他說的一席話，讓我感觸很深！

或許，我們已經回不到過去，過往的經驗，也成了絕響，不太可能再重來，但它保有了我們當時的天真與無知，保有了我們當時的勇氣與奮戰精神，比起一開始，努力的地方不同了，每當我回顧這些照片，深深地佩服過去的自己，或許現在我已經少了那份勇氣與柔軟，能夠繼續去做這樣的事情。如果是你要創業，你會怎麼開始？會不會被知識給綁住了？有時，無知是創業最好的特效藥，重點不是你懂多少才敢踏出來。知道越少，越有勇氣。創業需要帶點傻，帶點笨，帶點無知，這樣你才「敢」。

當你每天都有三餐可以吃，而且可以吃得飽，吃得好，你就會害怕三餐吃不好，沒得吃。但，如果讓你一開始就沒三餐可以吃，偶爾給你一餐，你會很開心，給你兩餐，你會感恩，給你三餐，你會謝天，給你吃好的，你會想回饋別人。因為你知道，每一餐，都是別人施予你的。

莫忘初衷

「莫忘初衷！」這是我一個大學學妹跟我講過最印象深刻的話。我很喜歡《深夜加油站遇見蘇格拉底》這本書中提到的小遊戲。哲學家都很愛玩一個遊戲，他們剛開始都會問你一個問題：

「你為什麼要工作？」

「因為要賺錢。」

「為什麼要賺錢？」

「因為要買這個買那個。」

問到最後，九成九會發現最後的那個點就是：這樣快樂啊！然後哲學家就會接著問你「如果只是要『快樂』，真的需要繞那麼一大圈嗎？」

這是個非常好剖析自己內心的問題。「如果你現在所追求的一切全都化成烏有，你還能夠每晚平靜的入睡，期待隔日的全新一天嗎？如果你最終追求的只是『快樂』，你現在所認定的快樂，和你知道的快樂，真的是同一個嗎？你需要華廈錦衣、金錢名聲才能得到嗎？」

The journey's what brings us happiness, not the destination.

旅程才是帶來快樂的事物，而不是目的地。在你追求美好事物的同時，伴隨你的這趟旅程，才是最快樂且影響你最大的事。而當你追求過程中產生迷網時，請記得回到最初的原點，想想你那最初衷的熱情，或許，追求的目標反而已經不在重要了。

很多人其實不知道自己要的是什麼，所以只好往別人幫你設定好的目標前進，所以在追尋的過程當然會感到迷惘。而如果你可以在這中間的過程，找到屬於你自己的目標，那或許別人幫你設定或眾所期待你要完成的事，可能就已經不太重要了，因為，你想要做的事才能為你帶來快樂，是吧！

小資世代智富心法

- 你必須設立除了賺錢以外的目標，不然當你達成想要的成就時，你會失去專注的動力。
- 每個成功人士都會有一段他辛苦奮鬥的日子，而這些過程中，最重要的階段就是 0 ～ 1 是怎麼辦到的，也就是說，如果把剛開始奮鬥到現在成功的過程分成 100 份的話，「起步」是最重要的。
- 在你追求美好事物的同時，伴隨你的這趟旅程，才是最快樂且影響你最大的事。

5-2

你的夢想是成為公務員嗎？

當 22K 成為你我的勞動價值

前幾個月的某周刊封面主題：「22K 逼走台灣高材生」，當時引起廣大民眾及節目的討論，戰火綿延從政府處理經濟問題不當到教育政策出問題，大家一直爭執琢磨在「起薪多少」這個問題上，但真的是這樣嗎？

有天晚上，在和學員的課後討論中，有人問到 22K 到底好不好？其實，保障相對著意味一種束縛，你願意去大公司領 22K，就因為它是大公司、有保障，但是，你難道會在星巴客做店員一直做到 50 歲嗎？你到底是要安穩的保護，還是突破設限的保障？

當前，文憑雖然還是進入大公司的「門檻」，但不是大公司薪水的「保障」。即便這已經是不爭的事實，但大多數的人還是覺得「先取得文憑再説」，就像前幾個月的新聞寫到「56%的人認為找不到工作仍應念大學」。現在的人，到底是為了什麼而念書呢？

高學歷不等於高失業，但高保障一定會造成高失業！

如果你是老闆，當政府説老闆應該對於員工有合理的保障，基本工資必須調漲，你覺得你會怎麼做？當然是裁撤一部份的員工，然後想辦法將剩下來的員工達到原本的產值，沒辦法！因為政府提高基本工資，賺得又沒有變多，只好從人事成本來下手。

現在，美國的失業率近 10%，歐洲年輕人失業率更為嚴重，25 歲以下的年輕人當中，失業率高達 22.4%，高保障不見得是好事，但礙於長輩還是希望我們有一個穩定保障的工作，所以承襲下來的觀念就是：考公職，但你真的適合當公務人員嗎？

你是真的想做公務人員嗎？

現在的人不管是大學生還是上班族，我們已經被教育的太好了，凡事講求「穩定」，不能冒任何風險，學校、家長、政府怎麼說，大家就怎麼做，結果所有人都變成沒有主見、受媒體影響的人。成幾何時，現在的年輕人竟然把考上公務員當作一個夢想，這樣的未來真的很令人堪憂，不應該一昧的盲從，而是要知道自己要什麼。

雖然，現在的經濟沒有想以前那麼好，或許有些人覺得，有一份穩定且還不錯的收入，也沒有什麼不對，這一點我是認同的。但是，很多人是不知道要做什麼，就看到大家都說要考公職，甚至有些是因為家裡的聲音和期待而考，難道，都已經至少二十幾歲的人了，都還沒有自己下決定的權利嗎？

公務人員也是有分種類的，真的每個人都適合當公務人員嗎？現在只要你跟身邊的親朋好友說，你現在不知道要做什麼工作，我相信 80% 的人會告訴你：那你就先準備考公職吧。這不該是一個年輕人找不到工作而逃避的出口。我們小時候都有熱衷的項目、未來的憧憬，但長年來傳統的教育體制，導致每個人對於自己的未來都躊躇不前，畢業後只想選擇「安逸」的道路，我想應該不會有人小時候的夢想寫的是長大要當公務人員吧！

新聞總是說我們七年級生是草莓族，一捏就爛，長輩又希望我們符合他們的期待，做安全的選擇，那我們到底要怎麼去改變現在緩慢的經濟成長，甚至是跟中國、韓國、新加坡等等亞洲國家的年輕人競爭呢？

請你做真正的自己

相對於國外的環境，很多外國的學生常常會在念大學時，找幾位要好的同學，畢業時合夥創業，努力打下一片江山；而在台灣，功課好的同學都只想要進大公司、大企業上班，或是努力念書準備爭破頭考進公職。這樣的情況下，我們如何在亞洲、甚至國際上發光發熱？

我的合夥人曾經跟我說，他高中念的是放牛班，班上有一半以上的同學不是應屆的，整個班就是被學校放棄的班級，老師只要學生不打架鬧事就好；然而到了 15 年後的現在，班上 43 個同學，有 26 個現在自己做老闆，4 個同學身價過億。想當年，就是因為放牛班畢業找不到工作，所以大家都自己出來自己闖，闖出了現在的一片天。

上班固然是討生活的一種方式，但這樣的模式真的是你想要的嗎？如果上班不能達到你想要實現的夢想，你有沒有試著去做一些能觸及你夢想的改變？還是只會自怨自艾、怨天尤人？我有個朋友說過一段話，我非常認同：「我覺得追夢要有時間和耐心，平常面對現實就要把努力一點一滴加進生活，等到機會來的時候，就要像看到 Mr.Right 一樣放手去追。」

我也很喜歡鍾子偉先生的一篇文章《記得 22 歲時你的眼神》，其中裡面提及了一段話：「年輕時熱情的夢想和理想主義變成令人失望和妥協的成年現實。我只是來上班然後回家。人生這些年會變得飛快。這沒問題，但試著去記住『你是誰』和你曾經一度想要試著做什麼。22 歲時你的眼神和 28 歲時是非常不一樣。」

試著，去找尋你最初的夢想，不管你現在身在何處，請記得你擁有夢想跟熱情的眼神。

小資世代智富心法

- 文憑雖然還是進入大公司的門檻之一，但絕不是大公司高薪水的保障。
- 高學歷＝高失業？這是不一定的，但「高保障一定高失業！」
- 如果你只是因為想要一個安全穩定的道路，也千萬不要把考上公務員當作一個夢想，不應該一昧的盲從，而是要知道自己要什麼。
- 公務人員也是有它神聖的意義，只是這不應該是一個年輕人找不到工作而逃避的出口。

每個人與生俱來的強大武器

信用與信任

每個人都一定有人生最寶貴且最強大的兩項武器：「信用」與「信任」。當初王品集團戴勝益是如何從創業失敗中翻身的？在他人生最失意的時候，透過 66 個朋友慷慨解囊地資助他，借了一億六千萬逆勢創業成功。戴勝益靠的是什麼，就是朋友對他的「信任」，而你有這樣可以對你義氣相挺的朋友嗎？人脈就是在你最需要的時候，會對你伸出援手的人。有人說「人脈等於錢脈」，但是，真的是這樣嗎？如果你不能有效發揮你的人脈來幫你產生金錢上的獲利，那還能說人脈等於錢脈嗎？

每個人平常就要想辦法增加自己的能量，去做一些「有必要的開銷」，像去登玉山、騎單車環島、參加社團組織，這些都是增加能量的方法，等能量增加後，你會開始發現非常多累積財富的機會。眼光不要短淺，每個月省個幾千元，都是省到跟朋友去看電影、喝咖啡、去同事家裡看小 Baby 的錢，這樣非常笨。

對於朋友，戴勝益做到只要他能力所及，絕對不會拒絕。並且不吝於付出，多幫別人想一點、付出一點，是讓別人願意支持的原因。戴勝益的雞婆、關心，幫他自己存了一缸子的人情帳戶，當他在失意的時候，才突然發現：原來人情帳戶這麼多錢！

捨得、捨得，能捨才有得。但是要怎麼捨得，這就是關鍵了。那就是「你願意先幫助別人，並且不求回報、不計較，當對方感受到你的心，你們就成功的建立關係了。」儘管大多數的人都知道這個道理，但所謂「知易行難」，要一個人能夠付出不求回報，在現今的社會真的是難上加難！尤其是有金錢利益的時候，大部分的人總是會優先注重自己的利益。

- **我想要從你身上獲取什麼？**
- **我從中能拿到什麼好處？**
- **我可以賺到多少錢？**

在鮑伯．柏格與約翰．大衛．曼恩的著作《給予的力量》裡面有這麼一說：「『給予』，就是我人生成功的關鍵！大部份的人聽到成功的秘訣是『給予』時，都會一笑置之，不過話又說回來，大部分的人也都達不到他們想要的成就。」所謂的「捨」，其實就是「給」，你「給」的多漂亮，你就會有多成功。你失去的越多，也會獲得越多回饋。

很多人認為「捨」的意思就是我放棄了我的優勢、我失去了主導權、我妥協了，一但我對對方妥協，別人將會得寸進尺，我將失去我的一切。這時我又必須引述在鮑伯．柏格與約翰．大衛．曼恩的最新力作《讓步的力量》的一則故事。

煎鮭魚的故事

在某一個下午，艾利阿姨跟班在一間咖啡廳相約吃飯。接著過了不久，服務生送來了餐點，他們就開始用餐。「你的魚好吃嗎？」艾利阿姨問。以班的口味，魚肉煮得有點太乾了，但他只是點點頭說：「好吃。」

「是嗎？」艾利阿姨瞇起眼，「我覺得難吃透了。」她朝廚房方向舉起手指，開口說：「馬可，勞駕。」

班趕到窘迫極了。她準備責罵那位瀕臨崩潰的可憐服務生，要他把點送回去嗎？這位不勝其擾的年輕人隨即回到桌邊，「有什麼事嗎，女士？」

「馬可，今天的大廚是誰？」她說。「是班尼迪托，女士。」服務生道。

「好極了，」她放下餐巾，轉過臉直視馬可，「能否請你轉告班尼迪托，今天的醬汁口感很精緻，他的功力又更上一層樓。」馬可堆起滿臉的笑容點點頭，「沒問題，女士。」「還有一件事……」艾利阿姨再度伸出食指，「我不是很懂這道煎鱒魚的特色。」馬可表示贊同地微微鞠了躬，「所以我接受班尼迪托的烹調方式……」馬可彎著身子，始終看著艾利阿姨，以確定自己聽清楚每個字句，「是的…？」

「我只是想問問，魚排能否別煎得這麼熟，也就是多保留點原汁。如果沒有辦法，我也完全能理解，但要是可以，我會感激不盡。」服務生回答「當然沒問題，女士！我馬上去！」就在馬可奔向廚房之際，艾利阿姨又接著說：「還有，馬可……」。「什麼事？」服務生轉頭說。「請直接告訴班尼迪托，我很享受這裡的美食，我也很樂意掏腰包。要是這道餐點沒記在帳上，我一定會不開心。」馬可笑顏逐開，微微欠身，一溜煙奔向廚房…….

用正面鼓勵取代負面批評

每個人都希望自己的表現獲得到別人的讚賞，只要你很有禮貌，並給予「回應」而不是「反應」，因為不管你做哪一種方式，你的目的都是希望別人答應你你想要做的事，所以完全沒有必要爭鋒相對。並且，從故事可以看得出來，當你執行讓與捨得行動以後，別人並不會得寸進尺。

中國文字是我們老祖宗的偉大發明，所有詞彙都有它的意義與根源，這就是說話的藝術！而你要如何讓自己把一幅畫面、一段經歷、一個感觸，用一小段話把它描述出來，這就是你要去學習的文字的力量。

從這個故事中，你可以知道，讓步並不是放棄，也不是妥協，而是為了創造「雙贏」的局面，也就是全球暢銷書作者史蒂芬·柯維在《第 3 選擇》一書所說的：「每一件事，都存在著第 3 選擇。每一個人，都有第 3 選擇的力量。生命不是網球賽，只能有一方贏球。人生充滿看似無解的兩難、對立與衝突，第 3 選擇不是『我的方法』或『你的方法』，而是共同尋找『我們的方法』」當你懂得用「捨得」創造多贏時，你將迎向不平凡的結局。

小資世代智富心法

- 每個人平常就要想辦法增加自己的能量，去做一些「有必要的開銷」，等能量增加後，你會開始發現非常多累積財富的機會。
- 眼光不要短淺，每個月省個幾千元，都是省到跟朋友去看電影、喝咖啡、去同事家裡看小 Baby 的錢，這樣非常笨。
- 要一個人能夠付出不求回報，在現今的社會真的是難上加難！尤其是有金錢利益的時候，大部分的人總是會優先注重自己的利益。
- 所謂的「捨」，其實就是「給」，你「給」的多漂亮，你就會有多成功。你失去的越多，也會獲得越多回饋。

認清你的對手到底是誰？

海峽兩岸的認知差異

某天晚上，我在北科大對面的伯朗咖啡跟我的老師將與一位做教育訓練將近 20 年的前輩開會，討論與我的老師今年合作出書的事宜。由於前輩說要晚點到，於是我就跟老師就邊喝咖啡邊等。趁空檔我問老師對於我們開教育訓練課程有什麼想法？他邊用手機邊回我說：「當作在練口才。說真的，從兩三個月前開始，我發現對於教導學員這件事情的熱忱好像漸漸消失了。」其實我對於這個答案，沒有太驚訝。

過了不久，前輩到了，我們打個招呼坐下來開始聊著彼此的近況。前輩先說：「抱歉，我晚到了！剛剛在跟一位合作夥伴開會，討論四月份要做企業內訓的案子。上禮拜我剛從瀋陽回來，那邊的溫度簡直讓我受不了，一回來台灣就感冒，周末還要飛馬來西亞，今年這是有夠充實的。」然後接著說：「景泓，你猜一下，我前幾天去幫內地的公司辦的兩天課程當老師，你知道大陸那邊上課的人數有多少嗎？」

2000 人！全部都是大陸的中小企業主跟老闆。你看他們的學習力有多可怕，反觀我們台灣，能夠辦 2000 人的課程的老師幾乎沒有。今年連國外的老師都很少來台灣講課了，都沒聽到什麼消息，台灣願意投資自己的人，真的越來越少了。」講到這裡，讓我想到之前台灣辦過最大型的課程，大概就是去年《有錢人想的和你不一樣》作者 T. 哈福 · 艾克的活動，人數大概就是這個上下。

前輩繼續說：「我現在真的不是很想在台灣做了，你看我的公司，今年一個活動都還沒有辦，在台灣辦活動真的太累了！而且很沒有成就感，你會沒有『真正幫助到別人』的感覺，辦起來真的很無力。」你看在國外辦課程多輕鬆，同樣的價格，把台幣換成人民幣，一樣買單，而且是「巨量」的買單。」

「大陸的學生很尊敬老師，他是真的把你當『老師』，不管自己現在的公司生意做多大，他們就是抱著空杯的態度來學習。當年，有很多大陸人跟著前幾年的經濟起飛，咻一下就富有起來，他們也很清楚知道，他們也不知道怎麼回事，只知道當時經濟蓬勃發展做什麼都賺錢，一下子就變有錢了。而現在，新一代的勢力正在崛起中，他們深知自己『財務知識』這方面不如人，所以他們知道：『什麼錢都能省，就是學習的錢不能省。』」

這時我的老師開口：「台灣現在就像溫水煮青蛙，安逸的生活過慣了，但由於近幾年經濟不景氣，人民開始抱怨、批評，但又好像不是沒有辦法過生活，所以繼續在硬撐。當年我在大陸做企業顧問的時候，有一個 20 歲的年輕人，為了能夠跟我聊天，每次我飛去大陸他就跟公司請假開幾個小時的車來機場載我，只為了在載我去客戶公司的車程上能夠跟我聊天問問題。」

你有正確的學習態度嗎？

台灣人對於「上課」這件事情很兩極，要不就是完全不去投資自己上課，總覺得那不是吸金就是老鼠會；要不就是上非常多的課，來者不拒，舉凡創業、網路行銷、銷售、心靈成長、成功學等等無一不上，成為標準的「職業學生」，總是 PO 一些跟哪個大師的上課合照、或是在某某國外的上課會場的照片在 Facebook 上。

不要誤會我的意思，我不是說學習不好，而是「學習的態度」不對。

一般來說，上課歸上課，學習內化成自己的知識又是另外一個階段。很多人總是聽完說明會就迫不及待報名，也不知道為什麼，想說今天報名兩人同行一人免費，還送好多贈品與服務，又可以刷卡，今天不報真的太可惜了。然後聽完老師上課心有戚戚焉，覺的老師好厲害，最後你問他行動了沒，大多數的人還是會跟你說：沒有。相信我，你一定可以找到你覺得越來越好的課，越來越多想學習的東西，只不過這些學習的內容，有沒有符合你未來的目標、或是沾上任何一點邊？如果沒有，你可能要深思熟慮一下。

前年我去新加坡上課的時候，整個會場有 6000 多人，我非常的震驚！儘管有一部分是國外來的朋友，但真的讓我很意外。而大陸的學習課程人數，就更不用我說了，少則數百多則數萬，而且最重要的是：大陸上課的人有很大一部分是中小企業主很不是上班族，而台灣上課的人通常 80% 都是上班族，我們即將面對的是，對岸那些非常有危機意識的中小企業主。

或許現在經濟不景氣、政府政策失當、人民生活困難，能過得很舒適就已經很不錯了。但這也代表，我們這個世代要迎接的挑戰，已經比過去更嚴酷，如果我們不爭氣，難道就要被笑說是「草莓族」一輩子嗎？

當我們開完了會，準備互相道別之時，這位前輩跟我說：

「景泓，如果今年有機會，你一定要去大陸看一下。」

我們不能再自欺欺人了，這個世界不是繞著台灣在轉動。有些人對於台灣很多事情已經心灰意冷，但是在教育訓練這方面，我的熱情還沒有被澆熄，我依然認為我們可以改變台灣這個世界。

希望，當還有人願意給我們「當頭棒喝」的時候，我們能夠快一點的自覺，將這份棒子傳下去。

小資世代智富心法

- 不管自己現在的公司生意做多大，都要抱著空杯的態度來學習。什麼錢都能省，就是學習的錢不能省。
- 台灣人現在就像溫水煮青蛙，安逸的生活過慣了，但由於近幾年經濟不景氣，人民開始抱怨、批評，但又好像不是沒有辦法過生活，所以繼續在硬撐。
- 上課歸上課，學習內化成自己的知識又是另外一個階段。
- 你一定可以找到你認為越來越好的課，越來越多想學習的東西，只不過這些學習的內容，有沒有符合你未來的目標、或是沾上任何一點邊？如果沒有，你可能要深思熟慮一下。

老師對學生有盡義務的責任

再次參加直銷說明會

新光三越平日中午的美食地下街用餐的人非常的少，今天是一個下雨的中午，我與多年不見的朋友約在台北火車站對面的新光三越。這位朋友是當年一起去新加坡參加《有錢人想的和你不一樣》課程的台灣人之一，當年我們飛去新加坡，就是為了一睹這位國外相當知名的成功人士，當年會場的盛況依舊令我難忘。

我們在美食街寒暄了一下，交流了我們彼此的現況與未來想做的事情。而在吃完中餐之後，他帶我去參加一場他非常推薦的活動。其實在聊天的過程中，我已經猜到了接下來要做的事情，因為這種氛圍似曾相似：就是要去聽傳直銷的說明會。我個人其實不排斥傳直銷，自己也接觸過很多也做過幾家，只是我對於組織行銷相當不在行，所以並沒有選擇在這個領域發展。

他經營的這一家公司，其實在台灣歷史也非常悠久了，很有名評價也不錯，所以即便我已經知道接下來要聽的內容，我還是在跟我朋友去了一次，畢竟聽別人演講或多或少可以學習到新的東西或對於現有的觀念產生一些衝擊與思考。

到了會場，活動已經進行了一半，所以我直接聽到了經營事業的部份。在我邊聽著演講者的話、邊想著晚點要跟別人開會的內容時，突然一段話衝進了我的腦袋：

「王品集團的董事長是誰？」

「戴勝益。」眾人回答。

「那你們知道戴勝益一周工作幾個小時嗎？ 30 個小時。前幾天我看到一篇統計數據，一個正常的上班族，一年工作 2000 多個小時，扣掉假日，一天工作絕對超時很多。」「認真努力不一定會成功，所以需要那麼認真努力嗎？不需要，只要加入我們 XXX，你可以很輕鬆的開始建立你的事業，邁向成功之路……」講師口沫橫飛的說。

我聽著聽著，開始有點不悅。

「什麼！這是你要傳達給底下這些人的觀念嗎？」沒錯！認真努力本來就不一定會成功，這句話並沒有錯，但是，這是你要傳達給這些聽你演講的人的意思嗎？雖然認真努力本來就不一定會成功，但成功的人，一定都經過相當的努力。

ESBI 都能活出屬於自己的精彩

接著，演講者開始搬出所有傳直銷、保險公司等等一定會講的規則：富爸爸 ESBI 象限。

- **E 象限代表 Employee，也就是雇員，常見的就是一般上班族、打工族。**
- **S 象限代表 Self-employed，也就是自雇者，律師、醫師、會計師都屬於這象限。**
- **B 象限代表 Business owner，也就是企業家，或者稱之為老闆。**
- **I 象限代表 Investor，也就是投資者，包租公、包租婆即是典型的例子。**

這四象限並不是好與壞的區別，就只是一種分類方式，因為每個象限都有其優缺點及風險，端看你怎麼選擇及想要過什麼樣的生活。

E 象限收入來源決定於老闆，優點是比較安穩，但你的生殺大權操縱在別人手上。S 象限收入來源決定於付錢的人，優點是工作時間彈性，但如果不接案一樣沒有收入。這兩象限屬主動收入，也就是必須主動去做才有收入。大部分的人都屬於這兩象限，而這些人佔全世界人口大約 80%。

B 象限收入來源是靠團體戰，透過整個企業或公司在賺錢；I 象限收入來源是用錢滾錢，拿錢再去做投資。這兩象限的風險相對高，但利潤也相對會比較優渥。他們都屬於被動收入，一旦系統建立起來，即使不工作，系統也會自行運轉，也就是我所說的打造出自己的「財務管路」，財富就會源源不斷流進來。而這些人佔世界總人口的約 20%。

這四個象限，只是拿來評估你現在的狀態，並沒有絕對的好壞，難道是雇員就不能為這個社會貢獻一份心力嗎？難道每個厲害的成功人士或企圖改變世界的人，他們都一定是創企業開公司而沒有在為別人工作嗎？

坊間有很多人或社團組織把富爸爸的話給扭曲了，好像當雇員（E 象限）或自雇者（S 象限）就是不對的，好像每個人都一定要成為 B 象限或 I 象限的人，才是人生的終極目標。所以現在的年輕人，動不動口中就提「被動收入」、「財務自由」，滿腦子要當「包租公包租婆」、「不用工作就有收入」、「在家靠系統就能賺錢」，凡事都只想要不勞而獲，才造就了現在的年輕一輩草莓族的形象。

扮演好自己的角色

我在網路上看過兩則故事，看完只有無奈。

EXAMPLE

故事一

多年前有一位大學剛畢業的社會新鮮人到台南來應徵高雄「業務助理」的工作，一坐下來，我還沒問她問題，她倒是先問了我四個問題：

1. 請問你們是否有『勞、健保』？
2. 請問你們是否有『週休二日及三節獎金』？
3. 請問你們是否可以『準時下班』，原因是她晚上都要陪男朋友…
4. 我不要做業務喔，還有如果薪資低於三萬元，我就不考慮了 !!

EXAMPLE

故事二

我之前去上過一堂課，課堂上老師分享到：「你以為七年級是草莓族嗎？那你可錯了，因為八年級這群妖魔鬼怪準備要進入職場了！老闆們請繃緊神經，到時候你就會覺得七年級好可愛了。」

以後你對八年級說：「好好幹，我就升你當主管。」

八年級會說：「喔不，主管壓力好大，你幹就好了，我不幹。」

你對八年級說：「好好幹，我就幫你加薪。」

八年級會說：「喔不，生活比較重要，我不要加薪，我要準時下班跟休假。」

每個人，其實都扮演著老師的角色，古人有云：「三人行，必有我師焉。」每個人都有可能是在別人某方面的老師，而如果你又是在台上當「講師」，你勢必有這個義務、責任去傳授正確的觀念與知識。

很多人會很直接的去相信別人說的話，一來是因為演講者可能是有一定成就或知識水準的人，二來是現在的人已經很少會去評斷一件事情的對錯，而只是很直接的接收了外來的資訊，卻不抱有任何質疑，這也是導致現在社會這麼多亂源很重要的原因之一。

如果你有一天，你也有機會也站在台上，你必須要了解到你身為講者的義務與責任。這個世界，需要更多講真話的人。只要越多人講真話，這個世界就會鬆一點。

小資世代智富心法

- 雖然認真努力本來就不一定會成功，但成功的人，一定都經過相當的努力。
- 坊間有很多人或社團組織把富爸爸的話給扭曲了，好像當雇員（E 象限）或自雇者（S 象限）就是不對的，好像每個人都一定要成為 B 象限或 I 象限的人，才是人生的終極目標。每個人都可以有自己的選擇。
- 動不動口中就提「被動收入」、「財務自由」，滿腦子要當「包租公包租婆」、「不用工作就有收入」、「在家靠系統就能賺錢」的人，凡事都只會想要不勞而獲，並不會帶來長遠的富足。

模仿是改變的開始

近朱者赤，近墨者黑

Bar 裡人來人往，今天是小周末星期三的晚上，我們坐在板橋新市政府前小聚聊天喝酒。我看到我朋友在用手機找 Facebook 好友聊天，猛一看全部都是女生，被我們一群兄弟虧的很慘。他很不服氣的說：「阿男生都這樣，不然你開你的 Facebook 看看！」於是，我用手機連上社群網站給他們看，前 12 個好友有 10 個是老闆。我說：「你看，什麼樣的環境造就什麼樣的人，懂我的意思嗎？」

環境對一個人的影響到底有多麼重要。白沙在涅，與之俱黑，孟母因為很注重小孩的幼年教育，所以才會注意到自己的孩子因為不良環境的影響，而為了讓幼年的孟子能將心思放在學業上，曾經搬了三次家，只為了獲得一個學習的環境。

你呢？你有為自己而改變週遭的環境嗎？

如果你想要做生意，你就應該到做生意的環境，改變你的生活圈。有一個說法：「你的收入，大概就等於你身邊最常接觸的 5 個人的平均。」如果你身邊 5 個好朋友都是千萬年薪，我相信你應該至少會有個百萬年薪吧。

就以最近發生在我身邊的一件事來說，為了更能讓我們的學員踏入房地產這種比較高門檻的投資領域，所以我們辦了一場房地產實戰教學活動，而又為了因應學員們平常要上班，這次特別開了星期六的假日場，但沒有想到消息發佈出去以後，竟然沒有一個人回應我，當我覺得納悶的時候，有學員跟我說「老師，我好想去你的房地產實戰教學喔，可是時間都沒辦法配合。」我回答道「平常沒空沒關係，這次我們有開一個假日場，你趕快報名！」學員說「老師，可是我那天要上班耶！」

「星期六你還要上班？」我問道。學員：「對阿！因為就是2012跨年會從12月29號星期六，放到2013年1月1號，有四天連假，公務人員也彈性放假，不過，在12月22號要補上班一天，所以星期六沒有辦法參加活動。」

這件事情讓我驚覺到一件事：「我身邊好像沒有人在上班…」。因為我正在創業開公司，所以我身邊的人也幾乎都是老闆，不然就是自己在做SOHO，所以我很多朋友其實跨年夜也沒閒著，一樣在工作奮鬥，雖然很辛苦，但這是我們的選擇。

如果你想要什麼樣的環境，你就去找尋它吧，只要你開始去做，你的生活圈將會開始改變。如果你找不到你想要的環境，那就自己去創造，你會開始吸引志同道合的朋友，你的交友圈會開始擴大，你的生活也會漸漸的開始不一樣。

思想影響外在，態度決定高度

你要創造環境，你就得先改變你自己、改變你的態度，把自己變成你想要的那個環境的一份子。如果你想要變有錢人，你就得充實你的知識，你腦袋裝什麼嘴巴就會說出什麼，你使用什麼詞彙，就可以知道你腦袋裝了什麼；你的朋友都是什麼類型的人，就會決定你成為那種類型的人。你必須從下列方向來改變自己：

POINT 01

看的書

你看的書會決定你腦袋輸入什麼。
你看沒有營養的書，你腦袋就沒有營養；
你的腦袋沒有營養，口袋就會沒有營養；
你的口袋沒有營養，肚子就會沒有營養；
所以不要再看沒有營養的書了！

POINT 02

說的話

你使用的言語詞彙會決定你交的朋友；
你交的朋友會決定你的收入；
你的收入會決定你的人生；
所以要提高收入就得要先改變你的語言詞彙。
如果你說話很毒那趕快改一改吧！

POINT 03

交的朋友

什麼人就跟什麼人交往。
男工人就會跟女工人交往並生出新的小工人；
有錢人就會跟有錢人交往並生出新的有錢人；
因為這就是你的交友圈。
你身邊的朋友平均薪資就是你的收入，
想要變有錢趕快調整你的朋友圈吧！

你可以透過多參加外面的社交聚會跟活動，來跨出改變的第一步。像我們自己課程的學員每個禮拜都會來我們的「豐盛加聚會」，藉由活動來拓展自己的人脈，這也是改變環境不可或缺的一環。

學習都從模仿開始，但你身邊不一定是對的人

思想可以影響外在環境，請你記得這句話。當你能夠做到以上三件事的時候，你的環境將會變得很不一樣，並且那些與你格格不入的人，他們會自動消失在你的身旁，你的交友圈將會大洗牌，所謂「道不同不相為謀」，沒有必要強迫自己接受他人，相對的，不能接受你的人也會自動離你遠去。

EXAMPLE

公務人員的故事

有一天，有個學員在上完課後跟我們說：「老師，雖然聽你的課程以後，我知道創業做生意很棒，可以去做更多的財務運作，但是我爸媽還是跟我說，創業風險很大，所以還是不要創業的好。」

「你爸爸是做什麼的？」老師問。學員回答：「公務員。」老師又接著問：「你媽媽是做什麼的？」學員又說「公務員。」「難怪！我懂你的意思了。」老師一臉沒有很詫異的感覺。「老師，所以創業風險是不是真的很大阿？」學員問道。

這時候，老師語重心長的開口：「老師跟你說一件事，老師的爸爸是跑漁船的，阿姨做海鮮批發，我老婆的家裡開高級海鮮餐廳，我們全家人都是做生意的，所以老師的爸爸跟老師說：『做公務人員，風險很大！』」

看完以後，有什麼感覺嗎？感覺好像是個笑話，但這卻是發生在我身邊的真實故事，而且還不只一次！

人學習都是從「模仿」開始，小時候模仿父母、念書模仿同學、工作模仿同事。我小時候也是很努力的存錢，拿到零用錢就存起來，每年過年一領完紅包就交到媽媽手上，20 年來沒有花過一毛紅包錢，因為，我的父母就是這樣教導我跟這樣做的。但長大以後，我發現存錢不是一個良好的理財方式，進而改變了我的學習模仿環境。那你呢？你有改變你的模仿環境嗎？

如果你想要成為什麼樣的人，就應該待在什麼樣的環境。因為，你的環境將會改變你的一生。

小資世代智富心法

- 如果你想要做生意，你就應該到做生意的環境，改變你的生活圈。你的收入，大概就等於你身邊最常接觸的五個人的平均。
- 思想可以影響外在環境。
- 當你做出改變時，那些與你格格不入的人，他們會自動消失在你的身旁，你的交友圈將會大洗牌，所謂「道不同不相為謀」，沒有必要強迫自己接受他人，相對的，不能接受你的人也會自動離你遠去。

對所有事情都要抱持著懷疑的態度

報章媒體上內容其實都在政府財團的掌控中

現在是星期二下午兩點，朋友在當兵沒有辦法請假出來，所以我可以去在台北市中心上一堂內容關於行銷文案撰寫與下標的課程。由於昨天忙到很晚的關係，今天一弄完事情飯還沒吃就出門了，但還是遲到了 10 分鐘。

到達了會場，說也奇怪，教室老師最前面的位子竟然沒人坐，於是我就趕緊坐了下來開始抄筆記。授課老師是一位在媒體界赫赫有名的人士，你也能很頻繁的在電視節目看到他。老師的上課內容很好，提到很多化龍點睛的技巧、以及許多可以利用的工具和大量的經典案例，但到了最後在教媒體下標的部份，讓我感到意外。

台灣身為一個民主開放的國家，但大多數的媒體卻被政府與財團控制著，這是不可否認的事實。鍾子偉先生曾在商業週刊的專欄《哈佛之後的人生》說過：「不只是台灣，就算是在最成熟的發達國家，比如說在美國，各大報業集團通常被大企業擁有或最終買下，他們背後的老闆或主要投資者通常都有許多利益要保護，通常會牽涉到保護他們自己跟特定政黨的關係或是有特殊政治觀點。當我們閱讀他們的報導或社論，我們往往沒有形成我們自己的公正意見，而是接受這些企業為了自身利益而要我們相信的事情。」

上課的老師開始講述報紙媒體等等下標的重點與技巧，

不可否認的，報章雜誌的標題就是要吸引各位讀者的目光，只要能成功讓你產生一丁點的興趣，你就有閱讀下去的可能並進而產生消費行為。但是，難道就不能直接給予一個不會讓讀者誤會的報導嗎？

台灣媒體對章取義的能力，我相信你一定不會不知道有多麼厲害，從最近幾個新聞所導致的社會亂源，在還原事實真相與原始原因相距甚遠，我相信社會大眾應該也多少認定了台灣媒體的水準。

從一個人的談吐，我們可以看得出這個人的文學素養，一個講話有氣質的人，不會動不動就把髒話掛在嘴邊，所以，從一份報紙就可以看得出來這個國家的人民水準到哪。老師說：「這種文宣雖然現在還不流行，但以後一定會是未來的主流，那就是鹹濕。為什麼？因為年輕人喜歡。」什麼是鹹濕的標題，就請大家有空可以去看一下水果日報的娛樂版。

當時講完了幾個案例，大家清一色笑成一片，但我真的覺得很悲哀，如果我們的媒體一直把焦點放在「如何吸引觀眾的目光」而不是「我如何將公平正義的是時闡述給個各位民眾」的話，那我真的很憂心台灣的未來。

閱讀、消化、思考、內化

現在，我正在學校裡打著這篇文章，剛巧是下課時間，我眼前是川流不息的大學生，有的人趕著吃飯準備去上下堂課，也有人趕著去參加社團活動，大家都朝著自己等等的目標邁進。

這些年輕學子，就是最容易受到各種媒體影響、也是對我們國家未來發展最重要的一群人。他們大多數人並沒有辦法判斷這些內容的是非對錯，只能很直接的接受政府跟財團控制的媒體報導的新聞資訊。

或許現在的狀況是這樣，但目前我並沒有什麼影響力去改變這些現實。我現在能做的只有一件事：「想辦法增加年輕一輩的人培養獨立思考的能力。」

很多事情，父母講的是對的，但是也很多事情，你必須去質疑它。父母基本上一定是希望自己的孩子出人頭地，一定是希望自己的孩子成功，但，他們是希望你「依照他的方式去做」，這中間可能就會產生很大的問題，因為，你父母的方法不一定是對的，或者其實是有更好的方法，但因為我們都基於人的學習本能「模仿」來效仿我們崇拜的人，所以從小到大你的父母就是你的效仿對象，你希望你跟他們一樣，但如果你真的對於這些方法有疑問，去質疑它吧！你會從中找到你要的答案的。

人都必須要有「質疑」的能力，即使最後證明你自己是錯的，你也成功的從錯誤學習到了「自主意識」，就像羅勃特．清崎說的：「窮人怕失敗，所以永遠不敢行動、不敢改變；但是有錢人不怕失敗，因為他們會從失敗經驗裡學習」。

所以做事情只會有兩種結果：一是成功，二是從失敗中學習獲得經驗。

唯有嘗試才能找到正確答案

美國前教育部長 Richard Riley 曾經說過：「2010 年最迫切需要的 10 種工作，在 2004 年根本還不存在。」由以上我們可以知道，未來會熱門或流行的行業，它現在可能並不熱門，甚至根本還不存在！那憑什麼，大家說現在哪個系是熱門科系，就一窩蜂去念哪個系呢？

所以，到底什麼是對的、什麼是錯的，很多時候是別人沒辦法告訴你的，同樣的方法本來就不能套用在每個人身上，「你要當創業家」、「你要去上班」、「你要考公務人員」，這些有可能都只是別人要在你身上的投影，你想成為別人的影子，還是活出自己？

我父母從小就教我要用功念書，念完大學念個好的研究所，將來去大公司上班，因為這樣你有穩定的工作，可以開始累積你的年資跟勞退，第一年假有七天，之後每年多兩天，這些話我都已經琅琅上口了，即便我現在已經是公司老闆，父母還是叫我去上班，他說這樣不穩定，大公司比較有保障。

儘管父母關心你，沒有一個父母會希望自己的小孩過的不好，但是，如果我當初不抱持著懷疑的態度去思考父母的話，我可能現在就是按照他們的規畫在做他們「想要我走的路」。

在人生的道路上，你還是會遇到許多令你困惑的問題，可能是來自於職場、家庭、或是外在因素，這可能會令你躊躇不前或不知道下一步該怎麼做。這時，你只要保有獨立思考的能力，你就能確立你的下一步該要往哪走。

小資世代智富心法

- 從一個人的談吐，我們可以看得出這個人的文學素養；一個講話有氣質的人，不會動不動就把髒話掛在嘴邊。
- 我們時下的年輕學子很容易受到各種媒體影響，而他們也是對我們國家未來發展影響最重要的一群人，但大多數人並沒有辦法判斷這些內容的是非對錯，只能很直接的接受政府跟財團控制的媒體報導的新聞資訊。
- 人都必須要有「質疑」的能力，即使最後證明你自己是錯的，你也成功的從錯誤學習到了「自主意識」。
- 做事情只會有兩種結果：一是成功，二是從失敗中學習獲得經驗。

戰勝窮忙人生的自我課題

明天

- 找你身邊的三個朋友，問他們自己什麼時候看起來最快樂，了解自己在追求什麼事情的過程是最快樂的。
- 列出五個你想完成的夢想，各寫出你為什麼要完成此夢想的三個理由，然後開始朝夢想邁進。

下週

- 為你的夢想擬訂短程、中程、及長程目標，開始循序漸進的完成。每當達成一個小目標時，請為自己的成功喝采。
- 安排三個午餐約會：一個是你認識多年的好友，一個是與你共識很久的主管，一個是你的家人。聊聊自己有什麼優點及缺點，並且開始試著去調適或改變。

下個月

- 嘗試開始寫一些文章，把你這些日子學到的事務及轉變紀錄下來，並且利用文字累積你改變的能量與動力。
- 將你的轉變打在 Facebook 動態上，告訴每個人你改變後的喜悅，分享你是如何走出舒適圈的。

打造人生的《懶人智富學》

一本書，通常是一位作者多年經驗的累積，當閱讀完一本書，等於快速的吸收了成功者的經驗。但看完書，絕對不是結束，而是另一個開始，可能是吸收了作者的經驗開始內化到身體裡，也可能是從中學了操作的技巧開始實際運作。

網路上有則轉貼過無數次的小故事叫做「我的助理辭職了！」此篇文章是由中國平安金融集團總經理任匯川所撰寫，內容我就不再詳述，上網搜尋也一定會能找到。而這則小故事給了我兩點很深的感觸：

關於職業生涯，其實你很難預測到你將來真正要從事什麼工作。

像我本身是念業界知名大學化學系畢業，但也沒有從事相關的工作。所以你必須做的是，養成良好的工作習慣。良好的工作習慣，指的是認真、踏實的工作作風，以及學會如何用最快的時間接受新的事物，發現新事物的內在規律，比別人更短時間內掌握這些規律並且處理好它們。

找到對的老闆，你第一個跟的老闆將決定你未來格局與處事態度。

2010 年底我開始從事教育訓練課程，到現在也辦過超過 100 場以上的活動與課程，這兩年多辦教育訓練的經驗下來，我發現了一件事，如果你剛出社會遇到的第一個老闆是很小心眼的人，你以後做事也會比較小心，處處提防別人會不會害你；如果你第一個老闆非常的大器跟善於與人合作，那你也會漸漸的大器跟喜歡與人合作。

說起我能這麼快速成長的原因，不外乎有大家熟知的幾件事：保有熱情、展現企圖心、持續努力等等。但其中我覺得最重要的，就是遇到了對的貴人，就像上述的故事一樣，我遇到了對的導師。

書中我有提到，天時、地利、人合，我首推人合最重要。當你遇到對的教練，你的成長與成就將會事半功倍。而我遇到了對的教練吳承璟老師，讓我短短三年就達到出書的成就，並且吸收了別人可能要經過十年才能累積到的商場經驗，這真的是很難能可貴。

學習都是從模仿開始，所以你會從身邊離你最近的人開始模仿，可能是你的老闆、你的主管、或你的同事，很多年輕人剛出來工作就遇到錯誤的領導者，滿腔熱血卻澆得一頭冷水，從此就對這個社會沒有信心而一蹶不振，最後就導致忿忿不平的過著一生。所以，該如何選擇你的工作環境及你的老闆呢？就是你欣賞、認同他的做事方式，他是你想要效仿或成為的人，你同意他的價值觀、認同他的使命感，那你一定能從中學到更多。

很幸運的，你現在有機會認識我的老闆，也就是我生命中的貴人：吳承璟老師。

我和吳承璟老師從 2010 年開始合作辦教育訓練，開始開授《懶人智富學》課程，其開課次數已不下 30 逾次，口碑相當不錯。吳承璟老師人生也是從負債 400 萬開始，負債過程中透過貴人的潛移默化，2000 年利用信用卡操作金融槓桿做國際貿易，兩年內還清 500 萬並賺進 3000 萬財富，接著躍上《Smart 智富雜誌》接受專訪並被封為「創業達人」，並受邀中國大陸擔任企業顧問健診，著有《創新業，滾錢潮》一書。而他獨創的《懶人智富學》課程，曾經幫助過數個學員成為千萬富翁、10 幾個成為百萬富翁。

我了解你的感受，可能在過往的經驗，你已經花了不少學費在投資自己的腦袋上，結果卻得不到想要的效果而痛苦萬分，為了幫助你不再受制於過去不好的經驗，我會請吳老師特別開授幾場免費授課的「懶人智富講座」，先讓你從初階的開始了解，打通你的財務觀念與邏輯。

做事業是沒有保證成功的，我沒有辦法操控你的人、你的腦袋，你會不會成功完全是取決於你自己！我們能做到的是，提供資源與人脈，盡我們可能來幫助你達到想要的結果，所以我並不會開放所有人都能來上這門課程，講座的次數、人數有限，當這一系列的活動結束以後，將不再開放名額，屆時你也沒有機會享有到以上的讀者福利，如果你想要在人生的道路上更成功，歡迎你的到來。

因為數量有限的關係，「懶人智富講座」只限在網路上報名，如果你有需求，請至以下網址報名：
http://p-plus.com.tw/richyou

致謝

2010 年我從中原大學化學系畢業，因為不用當兵，所以馬上就投入職場，只是我沒有投過任何一張履歷去上班，而是去外面參加講座、上課、開始胡搞瞎搞，到了 2012 年終於把事業穩定下來，甚至 2013 年還出了這本書。

創業當老闆最大的好處，就是能快速的成長，不斷吸收成功與失敗的經驗，內化成自己的知識與能量。在這段快速成長的過程，我有一個非常深、也可以說是非常害怕與興奮的感覺。頭一年，每兩、三個月我都覺得我成長了，怎麼之前的我這麼笨；接下來的半年，我覺得每個月都有顯著的成長；再來的三個月我覺得每個禮拜都在成長；最後我覺得每天都在長大。感覺到自己每天都在進步，真的是一件令人興奮又害怕的事。那個時候的我非常開心，每天都樂在工作。我很感謝我的爸爸張開元、媽媽高寶容、哥哥張景旭給我一個無後顧之憂的環境，讓我可以全心全力的衝刺我的事業。

我會想出書的原因，一方面是覺得人生一定要出一本書，而且我的好朋友《卡位學》的作者冠今年紀比我小也都已經出書了，我怎麼能輸；另一方面，出書等於是增加自己的知名度，也勢必能讓我幫助到更多的人，那一舉兩得的事情誰不做呢！當我有這個想法時，我開始去參加外面有關要怎麼出書的課程，很幸運的看到 Mr.6（劉威麟）與專業作家 Zen 大有在配合開出書課，我也很幸運的參加到了第一場的課程。非常感謝 Mr.6 與 Zen 大的幫助，如果不是有接觸到出書的相關資訊，我的出書夢不可能這麼快就實現。

剛開始跟出版社談大綱的時候，我一心一意只想趕快出版這本書，一切都很急，到談定開始撰寫到差不多一半時，我才懂得當時第一位跟我洽談的王思迅總編輯在講什麼：我太急著做一件事，最後有點本末倒致、遠離了我的出衷，我必須愛惜我的羽翼。很感謝當時王總編的提點。身為讀者的你，可能會發現這本書裡的文章寫作手法不太一樣、心態不太一樣、層次也不太一樣。因為我不斷的寫、不斷的成長，由外而內，讓我的話語越來越內斂、佈局越來越宏觀、思維越來越全面。

在我從事教育訓練的期間，多少有遇到顛簸，尤其是剛創業前半年的撞牆期，感謝當時共同扶持一起渡過重重難關的團隊夥伴林俊偉及林佑聖，謝謝當時的互助與體諒，讓我們一起共同成長。

2011 年開始，我有幸開始跟外面的教育訓練教構合作舉辦大型活動，從一開始就一直帶領我們的巔峰潛能卓天仁執行長，感謝您一路的指點與提攜，讓我先有機會在您出的書上寫序，並且到現在我們還有密切的合作與交流，您是我一輩子的教練與精神導師。開課到現在已逾兩年半，上過課的學員也已經有上百位了，有些學員已經開始創業且有不錯的成績，有些開始互相合作產生新的商機。感謝所有參與過、也支持過我們課程的學員，有你們的挹注，我們才得以一起發展茁壯。

不論在我事業低朝或躊躇不前的時候，都不斷支持我的吳承璟老師，您是我生命中最重要的貴人。支字片語無法表達我對你的感謝與感恩，這一路我們一起開疆闢土，並且由您引領我劈荊斬棘，讓我更早接觸了身為創業家必經的過程。身為您的學生、好友兼合夥人，我很慶幸能認識您並與您一起共事。

最後感謝各位凱特文化的同仁與編輯，尤其是編輯小蔡，我們一直保持著良好的互動。由於這本書是我獨立寫作完成，勞煩你不斷的盯我進度且與我來回討論，而促使這本書能夠如期完成。

我要感謝各位讀者，希望這本書能給你帶來幫助與收獲。

在你追求人生的道路上，歡迎你來信與我分享你的酸甜苦辣，我的 E-mail 是 patience77315@gmail.com，期待你的來信。

國家圖書館出版品預行編目資料：我 25 歲擺脫 22K：慘賠 7 百萬到 7 間房地產
的創富之路 / 張景泓作 ; -- 初版 . -- 新北市 : 凱特文化創意 , 2013.09　面；　公分 . –
(You can : 19) ISBN 978-986-5882-39-6(平裝)1. 創業 2. 理財 3. 成功法　494.1　102017632

凱特文化 you can 19

我 25 歲擺脫 22K：慘賠 7 百萬到 7 間房地產的創富之路

作者 張景泓

發行人 陳韋竹 | 總編輯 嚴玉鳳 | 主編 董秉哲 | 編輯 蔡亞霖

封面設計 Chen Jhen | 版面構成 Chen Jhen

行銷企畫 楊惠潔 | 特約行銷 王紀友 | 印刷 東豪印刷事業有限公司

法律顧問 志律法律事務所 吳志勇律師

出版 凱特文化創意股份有限公司

地址 新北市 236 土城區明德路二段 149 號 2 樓 | 電話（02）2263-3878 | 傳真（02）2263-3845

劃撥帳號　50026207 凱特文化創意股份有限公司

讀者信箱 service.kate@gmail.com | 凱特文化部落格 http://blog.pixnet.net/katebook

營利事業名稱 聯合發行股份有限公司 | 負責人 陳日陞

地址 新北市 231 新店區寶橋路 235 巷 6 弄 6 號 2 樓 | 電話（02）2917-8022 | 傳真（02）2915-6275

初版 2013 年 9 月 | ISBN 978-986-5882-39-6 | 定價 新台幣 250 元

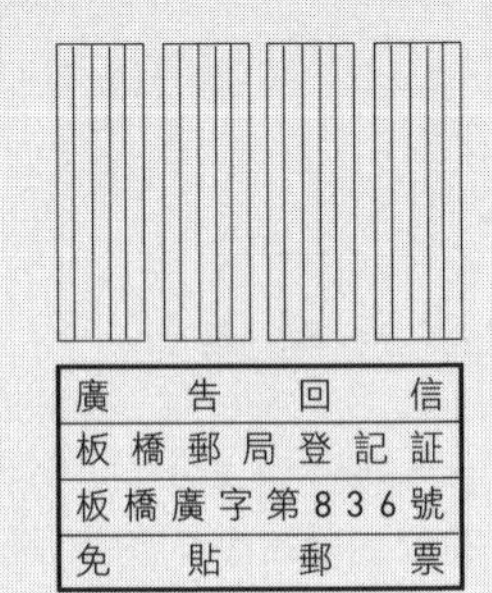

to:

新北市236土城區
明德路二段149號2樓

凱特文化創意股份有限公司 收

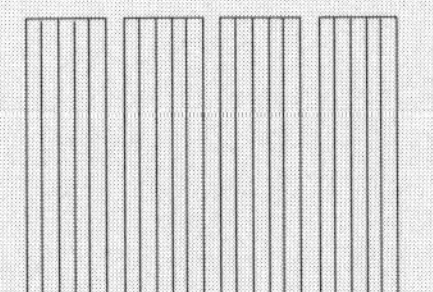

姓名

地址

電話

讀者回函

凱特文化

感謝您購買本書，只要填妥此卡寄回凱特文化出版社，我們將
會不定期給您最新的出版訊息與特惠活動資訊！

您所購買的書名：我25歲擺脫22K：慘賠7百萬到7間房地產的創富之路

姓　　名 ________________ 性別 □男 □女

出生日期 　年　　月　　日 年齡 ________

電　　話 ________________

地　　址 ________________

E-mail ________________

____ 學歷：1. 高中及高中以下 2.專科與大學 3.研究所以上

____ 職業：1.學生 2.軍警公教 3.商 4.服務業 5.資訊業 6.傳播業 7.自由業 8.其他

____ 您從何處獲知本書：1.逛書店 2.報紙廣告 3.電視廣告 4.雜誌廣告 5.新聞報導 6.親友介紹 7.公車廣告 8.廣播節目 9.書訊 10.廣告回函 11.其他

____ 您從何處購買本書：1.金石堂 2.誠品 3.博客來 4.其他

____ 閱讀興趣：1.財經企管 2.心理勵志 3.教育學習 4.社會人文 5.自然科學 6.文學 7.音樂藝術 8.傳記 9.養身保健 10.學術評論 11.文化研究 12.小說 13.漫畫

請寫下你對本書的建議：________________